钢纤维自密实混凝土力学性能研究

马剑　卞梁　章杰◎著

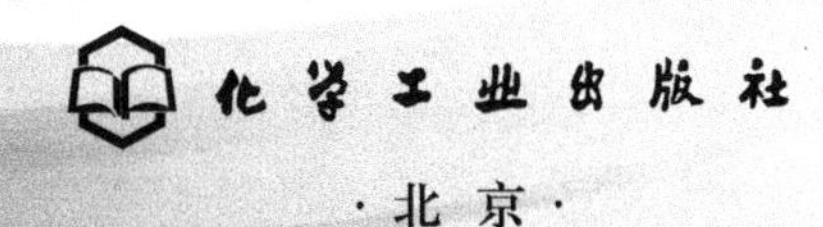

·北京·

内 容 简 介

本书研究了钢纤维自密实混凝土（Steel Fiber Reinforced Self-Compacting Concrete，SFRSCC）动、静态力学性能与抗冲击力学行为。针对四种不同钢纤维含量的C40级、C60级的SFRSCC，研究了材料动、静态力学性能；通过压汞试验和扫描电镜试验，研究了钢纤维对混凝土孔结构和界面过渡区的影响；分析了钢纤维含量对SFRSCC的应变率效应的影响规律，建立了材料的损伤演化方程，发展了其含损伤的动态本构模型；开展了SFRSCC靶板的水浴爆炸加载实验和抗侵彻实验，结合FEM-SPH耦合算法进行了SFRSCC板的抗爆炸数值模拟，揭示了SFRSCC的抗爆炸和抗侵彻规律，提出了预测SFR-SCC靶板侵彻深度的经验公式。

本书可供工程力学、建筑材料等专业研究及技术开发人员参考。

图书在版编目(CIP)数据

钢纤维自密实混凝土力学性能研究 / 马剑，卞梁，章杰著．—北京：化学工业出版社，2021．10

ISBN 978-7-122-39486-6

Ⅰ．①钢… Ⅱ．①马… ②卞… ③章… Ⅲ．①金属纤维-纤维增强混凝土-力学性能-研究 Ⅳ．①TU528．572

中国版本图书馆CIP数据核字（2021）第132590号

责任编辑：李玉晖　　　　文字编辑：师明远
责任校对：宋　玮　　　　装帧设计：韩　飞

出版发行：化学工业出版社（北京市东城区青年湖南街13号　邮政编码100011）
印　　装：北京虎彩文化传播有限公司
710mm×1000mm　1/16　印张8　字数168千字
2021年10月北京第1版第1次印刷

购书咨询：010-64518888　　　　售后服务：010-64518899
网　　址：http://www.cip.com.cn
凡购买本书，如有缺损质量问题，本社销售中心负责调换。

定　　价：58.00元

前 言

随着社会经济的发展和人民生活水平的提高，未来我国超高层建筑和防护工程中密集钢筋结构的建造量会大幅增加，这就会大大增加不需振捣的自密实混凝土，尤其是增强了强度、抗冲击性能的“钢纤维自密实混凝土”（Steel Fiber Reinforced Self-Compacting Concrete，SFRSCC）的需求。笔者开展了一种新的钢纤维自密实混凝土的研制工作，从配合比设计出发，研究了其工作性能、准静态拉压力学性能；然后，将这种 SFRSCC 制备成各种型号试件，分别进行了动态拉伸、动态压缩、抗爆、抗侵彻等试验。

本书介绍了以下研究工作和成果：①研制了具有四种不同钢纤维含量的 C40、C60 两种不同强度等级的 SFRSCC，开展了材料动、静态力学性能试验，分析了钢纤维含量对材料力学性能的影响，建立了材料强度与钢纤维含量的关系；②开展了 SFRSCC 的压汞试验和扫描电镜试验并研究了钢纤维对混凝土孔结构和界面过渡区的影响规律；③分析了钢纤维含量对 SFRSCC 的应变率效应的影响规律并建立了材料的损伤演化方程，发展了其含损伤的动态本构模型；④开展了 SFRSCC 靶板的水浴爆炸加载实验和抗侵彻实验，结合 FEM-SPH 耦合算法进行了 SFRSCC 板的抗爆炸数值模拟，揭示了 SFRSCC 的抗爆炸和抗侵彻规律；⑤提出了预测 SFRSCC 靶板侵彻深度的经验公式。

本书对笔者所做的相关科学技术研究成果进行了阶段性的梳理和总结，为钢纤维自密实混凝土的应用和发展提供了翔实的参考资料，也为同类型科学技术研究提供了方法和思路。

本书研究工作的理论分析和试验，离不开中国科学技术大学李永池教授、沈兆武教授、王肖钧教授的亲身指导和时刻督促。李老师对波动力学基础理论一遍又一遍地解释，他渊博的数学、力学知识令笔者印象深刻；在做抗爆试验的时候，沈老师亲自在现场检查各种试验情况，督促试验进度，在此衷心感谢！

感谢文鹤鸣教授、高光发教授、马宏昊副教授、徐松林教授、胡秀章副教授、赵凯副教授、朱祚金副教授无私的帮助和指导；感谢郑航老师在试验上的大力支持。

感谢江苏德丰建设集团有限公司孙樟、张云法、陆正其、张育诚、夏燕勇等领导给予的混凝土试验试件制备、试验场所、试验资金等方面的大力支持！

感谢在中国科学技术大学和江苏科技大学一起奋斗过的同学们、同事们，在此对黄瑞源、孙晓旺、张永亮、叶中豹致以深深的谢意！

本书由江苏科技大学马剑、卞梁、章杰著。本书相关工作得到了国家自然科学基金项目（11502099、11802001）、苏州市科技计划项目（SS2019018）、张家港市科技计划项目（ZKS2001）、江苏科技大学博士科研启动基金的支持，在此一并表示深深的感谢。本书在编写过程中参考了相关的文献资料，在此向各位作者表示衷心的感谢。

由于作者水平有限，本书不足之处在所难免，敬请读者批评指正。

著者

2021 年 6 月

目 录

第1章

绪　论

1.1 引言

混凝土是基础设施和工业、民用、军事建筑等土木工程设计中的首选材料。随着世界科技、经济的发展，大量的新型工程结构不断出现，对混凝土性能的要求不断增高。

最近十多年，我国的高层建筑不断涌现，比如492m高的上海环球金融中心、437.5m高的广州国际金融中心等，这些高层建筑的建设需要将混凝土泵送到几百米高度，这就给混凝土的流动性提出了很高的要求。同时超高层建筑对底层结构的压力很大，也需要采用抗压强度高的混凝土进行浇筑，目前C60的混凝土已经广泛应用到建筑工程。超高层建筑所受的风载会造成混凝土疲劳，由于一般混凝土的抗拉性能较差，仅为其抗压强度的10%左右，会导致混凝土抵抗疲劳能力很差。在地震发生时，由于地震波对高层建筑的作用，建筑下部也会受到很大的拉应力，普通混凝土较差的抗拉性能无法使建筑在地震中保持完好。

自2001年美国“9·11”事件以来，对恐怖袭击事件的应对受到重视。恐怖袭击采用的手段有：飞行器冲击建筑物、枪击、爆炸等。为了减少恐怖袭击造成的人员伤亡和财产损失，除了对恐怖袭击事件进行预防以外，也对建筑物抗冲击和抗爆炸的性能提出了要求。由于普通混凝土的抗拉强度较低，受冲击或爆炸时常被拉伸破坏，因而需要混凝土结构具有较高的强度——尤其是拉伸强度和抗爆、抗侵彻性能。

在军事领域，由于抗侵彻、抗冲击的要求，混凝土结构中钢筋密度较高，不易进行人工振捣；有些结构形式本身无法进行人工振捣，如钢管混凝土、临时后加柱等。由于普通混凝土抗压不抗拉，而且爆炸波在自由面反射会产生拉伸波，现有的防护结构在爆炸荷载下的破坏一般是拉伸造成的层裂破坏。

研究和应用钢纤维自密实混凝土（SFRSCC）是解决上述问题的有效方法。SFRSCC兼具自密实混凝土和钢纤维混凝土的优点[1-3]，是一种流动性高、不需人工振捣、高工作度、高适用性、高强度、高韧性、高耐久性的新型高性能混凝土。

自密实混凝土（SCC）和钢纤维混凝土（SFRC）相对普通混凝土都具有优势，钢纤维自密实混凝土更兼具二者的优势。一方面作为自密实混凝土的改进型，它保留了自密实混凝土流动性高、不需要人工振捣的优点；另一方面，作为一种钢纤维增强混凝土，它的强度，尤其是抗拉强度更高，抗冲击和抗侵彻的性能更强。另外，SFRSCC还具有以下优势[4]：SFRSCC比普通混凝土的收缩性好，黏性适中，钢纤维不会发生沉降，自由水不会聚集在钢纤维的下表面，这也增加了钢纤维和混凝土的黏结强度；SFRSCC中胶凝料多，利于混凝土基体和钢纤维界面处的黏结，可部分解决钢纤维与混凝土的界面问题，并足以包裹钢纤维，可解决钢纤维掺入普通混凝土时的分散性和施工性能问题。

目前欧美许多国家都在研究钢纤维自密实混凝土，但是研究多集中于其配制方法及静态力学性能，对其动态力学性能及抗冲击、抗侵彻的研究很少[5-6]。我国对钢纤维自密实混凝土的研究尚处于起步阶段，对其工作性、抗收缩性、基本力学性能的研究都不多[7-8]。

如前所述，普通混凝土在工业、民用、军事工程设施中的应用存在大量的问题，钢纤维自密实混凝土则可以较好地解决这些问题。为更好地了解钢纤维自密实混凝土的动态力学性能，本书开展了钢纤维自密实混凝土的配制试验，动静态力学性能试验和抗爆、抗侵彻试验，分析了基体强度、纤维含量、加载率等对钢纤维自密实混凝土力学性能的影响，可以为钢纤维自密实混凝土的制造和工程应用提供理论与指导，具有重要的理论意义和应用前景。

1.2 SFRSCC的制备、工作性能研究现状

随着混凝土的发展日渐成熟，改良混凝土的性能已经成为混凝土继续发展新的动力和方向。加入钢纤维对混凝土性能改良是一个重要的方向，也是提高混凝土性能的有效手段。在充分利用自密实混凝土流动性强的基础上，研制钢纤维自密实混凝土是高性能混凝土发展的必然趋势。

二十世纪八十年代初期，Sheffield大学的研究学者在对不同的钢纤维进行研究时发现，在混凝土中掺入钢纤维能大大增加混凝土的抗压能力，同时能够改善轻骨料混凝土的性能[9-10]。由于日本地震频繁，日本轻骨料协会为了提高轻骨料混凝土的抗剪切能力、弯曲程度等性能，对钢纤维混凝土进行了研究，并且完善了道桥等建筑物的设计和建造方案，大大增强了建筑物的耐用性和安全性[11]。

国内外研究掺钢纤维自密实混凝土的文献资料很庞杂，部分学者侧重于研究配合比、工作性能，如：Ashis等[12]介绍了自密实混凝土（SCC）的配合比设计方法，并利用辅助胶凝材料（SCMS）进行混凝土配合比设计，提出了

“基于强度的混合料设计方法”。Salari[13]等综合分析了近12年来纤维增强高强自密实混凝土在配合比设计、组分配比、抗压强度等方面的大量试验数据，讨论了水灰比、水胶比、含水量、细集料、粗集料及粉料含量与抗压强度的关系。Irki等[14]研究了不同处理工艺对纤维混凝土的影响。最佳配方需要使用10%的氢氧化钠和环氧树脂，处理量为3%的纤维。与28天固化后的所有测试混合物相比，配方显示出优越的力学性能，抗压强度提高了20%，抗拉强度提高了40%。Silva等[15]研究在生产自密实混凝土（SCC）时，成功使用研磨砖石废料以不同的百分比（质量分数从10%到50%）代替水泥。Abo Dhaheer等[16]提出了一种基于所需目标塑性黏度和抗压强度的自密实混凝土配合比设计方法，给出了几种设计图的使用实例。Athiyamaan等[17]对掺合料纤维自密实混凝土的基础研究、流变性能、力学性能以及优化混凝土性能的设计方法、统计方法进行了综述研究，全面阐述了聚合物基自密实纤维混凝土研制高性能混凝土方法与途径。

部分学者侧重研究橡胶粉（CR）、黏土、陶瓷、粉煤灰、硅粉与钢纤维（SF）混杂制备SCC材料，如：Ismail等[18]研究表明，含橡胶粉和钢纤维的SCC混合物可减轻由于添加CR而导致的强度降低，并显著改善梁的韧性、延性和开裂性能。Mahapatra等[19]研究了粉煤灰、纳米二氧化硅、卷曲钢纤维、聚丙烯纤维等四种添加剂的十六种配合比，提出了残余强度、添加剂添加量和温度之间的关系式。Ghernouti等[20]介绍了含塑料袋废纤维（PBWF）的SCC的新拌和硬化性能，PBWF的掺入对材料的抗压和抗弯强度没有显著影响，但对28d的劈裂抗拉强度有重要影响；改性率从4%到74%不等，这取决于纤维的数量，而不受PBWF长度的影响。Molaei等[21]研究了稻壳灰（RHA）的性能，使其成为一种适用于自密实混凝土的辅助胶凝材料。他们指出随着RHA取代率的增加，含RHA的自密实混凝土的和易性降低。相反，抗压强度、弹性模量和劈裂抗拉强度随着RHA含量的增加而增加，最高可达5%。Ismail等[22-24]研究了12种自密实振捣混凝土配合比，增加氯丁橡胶的掺量可以缩小混凝土的裂缝宽度，降低混凝土的自重，提高混凝土的变形能力。相反，高铬（15%以上）的加入显著降低了受试梁的延性、韧性、初裂弯矩和极限抗弯承载力。研究显示在混凝土中掺入橡胶粉（CR），提高了混凝土的冲击能量吸收能力和延性，但随着CR含量的增加，混凝土的力学性能下降。使用钢纤维（SF）可以大大提高自密实橡胶混凝土（SCRC）的抗冲击性能。

还有学者侧重研究钢纤维与其他纤维混杂配制SCC材料，如：Liu等[25]

研究了钢纤维、聚丙烯（PP）纤维和硅灰掺入对自密实轻质混凝土流变性能、力学性能和微观结构的影响。研究表明钢纤维和 PP 纤维的混杂能有效地增强自密实混凝土的力学性能，并产生正协同效应。Khan 等[26]揭示了混杂纤维自密实混凝土（HFRSCC）通过 T50、L-box、扩散流、V 形漏斗等试验测得的 7 天和 28 天龄期的硬化抗压强度、抗折强度和超声波脉冲速度等硬化性能。试验结果表明纤维的加入大大改善了 HFRSCC 的硬化性能。Chinchillas-Chinchillas 等[27]研究了聚丙烯腈（PAN）超细纤维对砂浆力学性能、耐久性和干缩性能的影响。研究表明，PAN 超细纤维的加入提高了砂浆的力学性能和一些与耐久性有关的参数，显著降低了砂浆的干燥收缩率。因此，用 PAN 超细纤维增强砂浆是改善该材料性能、扩大其应用范围的一种可行选择。Aslani 等[28-29]以废轮胎胶料代替自密实橡胶混凝土（FRSCRC）中的集料，使用粒径为 2～5mm 的橡胶屑，可替代 20％的细集料。纤维的数量根据纤维的类型而变化，在使用聚丙烯纤维的情况下，按总体积的 0.1％、0.15％、0.2％和 0.25％进行测试，随着纤维掺量的增加，对 FRSCRC 流变性能的负面影响越大，钢纤维对 FRSCRC 流变性能的负面影响要比聚丙烯纤维大得多。在力学性能方面，随着纤维掺量的增加，聚丙烯纤维降低了混凝土的抗压强度，但对劈裂抗拉强度影响不大。钢纤维使混凝土的抗压强度略有提高，随着纤维的增加，劈裂抗拉强度也有所提高。力学性能测试结果表明，聚丙烯纤维降低了材料的抗压强度，钢纤维的单纤维和混杂纤维对材料的抗压强度有明显的正向影响。试样的抗拉和抗弯强度得到提高，含纤维试样在裂纹前后的能量吸收明显增加。韧性的增长，特别是混杂纤维增强试样的韧性增长，延缓了裂纹的扩展。聚丙烯纤维的加入降低了试样的弹性模量，钢纤维的加入则相反。聚丙烯纤维的加入使超声波脉冲速度略有下降，对吸水率有不良影响。然而，钢纤维对超声波波速（UPV）的影响可以忽略不计，对吸水率的影响也很小。单独使用钢纤维可使干燥收缩率降低 35％。纤维的使用也会使得试样失效时的延性增加。Tabatabaeian 等[30-31]使用了 11 种混合物：一种为对照混合物，一种含 0.5％钢纤维，四种含 0.5％混杂纤维（钢和聚丙烯），一种含 1.0％钢纤维，四种含 1.0％混杂纤维（钢和聚丙烯）。研究了混杂纤维对高强自密实混凝土流变性能、力学性能和耐久性的影响。试验表明，黏结剂中纤维的夹杂效应取决于纤维的类型和破坏机理，即每种试验施加的应变水平。因此，使用任何类型的纤维都会对抗压强度产生不利影响（17％～32％）。当通过抗弯强度试验评估时，会对抗拉强度产生积极影响。但是，如果抗拉强度是由劈裂抗拉强度试验表征的，则钢纤维或聚丙烯纤维的添加分别具有可忽略或积极的影响（2%～47%），而直接抗拉强度试验的结果表明钢纤维的正面影响（16%～27%）和聚丙烯纤维的负面影响（35%～45%）。Saeedian 等[32-33]研究了试样尺寸对聚丙烯纤维自密实混凝土抗压强度的影响。试样尺寸的增加会导致试样的强度降低。但是，随着聚丙烯纤维的加入，混凝土强度降低的斜率减小。因此，在低强度和高强度混合物中加入聚丙烯纤维后，试样尺寸的影响会减弱。Li 等[34]研究了高性能聚丙烯（HPP）纤维对轻骨料混凝土（LWC）力学性能的影响。试验结果表明，在轻骨料混凝土中掺入 HPP 纤维可以显著改善其力学性能。弯曲强度、劈裂抗拉强度、弯曲韧性和抗冲击性能均有所提高，但对抗压强度无明显影响。为提高混凝土的力学性能，建议最佳纤维含量为 9kg/m^3（体积含量为 0.95%）。

亦有研究异形、异种钢纤维 SCC 工作性能、力学性能的学者，如：Ibrahim 等[35]以棕榈油生物质熟料（POBC）作为细集料的部分替代材料，研究了弯钩端钢纤维对 POBC 混凝土抗压和抗折强度的影响。试验结果表明，弯钩端钢纤维对提高混凝土的抗压和抗折强度具有良好的潜力。Li 等[36]研究了高性能聚丙烯纤维轻骨料混凝土（HPPLWC）和钢纤维轻骨料混凝土（SFLWC）的弯曲性能。高性能聚丙烯纤维（HPPF）和钢纤维的最佳用量分别为 1.1%和 2.0%。Karahan 等[37]研究了铣削钢纤维混凝土（MCSFRC）的力学性能，实验室研究结果表明，使用磨碎的钢纤维后，试样抗压强度略有降低。另一方面，铣削后的钢纤维的抗拉强度显著提高，干燥收缩率显著降低。尽管在吸收率、孔隙率和吸附率方面没有明显的提高，但随着钢纤维含量的增强，氯离子渗透性急剧增强。Siddique 等[38]介绍了用 F 级粉煤灰和钩状钢纤维配制的 SCC 的性能，结果表明，0.5%和 1.0%钩状钢纤维 SCC 的工作性能均在设定的范围内，且随着纤维体积分数的增加，SCC 的工作性能有所降低。Cholker 等[39]对碳纤维增强自密实混凝土的力学性能和耐久性进行了研究，使用的自密实混凝土混合料由 0.5%～2.5%的水泥重量的碳纤维加固。研究结果表明，随着碳纤维用量的增加，复合材料的劈裂抗拉强度、弯曲强度均增大，混凝土的耐久性也随着纤维掺量的增加而提高。

然而仅研究掺短、直钢纤维 SCC 材料各项性能的文献不多。Iqbal 等[40]研究表明，钢纤维含量在 1%以上时，对钢纤维高强轻集料自密实混凝土（SHLSCC）的工作性能有较大影响。当钢纤维含量从 0 增加到 1.25%时，抗压强度降低约 12%，劈裂抗拉强度和抗弯强度分别提高 37%和 110%，而弹性模量保持不变。Basheerudeen 等[41]研究了钢纤维增强自密实混凝土的系统设计方法，指出了人造砂完全替代河砂的可能性。Ahmad 等[42]研究了 SFRSCC 在结构构件施工中的应用，结果表明，钢纤维的掺入可以提高自密实混凝土的抗拉强度、延性、韧性、能量吸收能力和断裂韧性。Madandoust 等[43]研究表明 SFRSCC 的混合特性和钢纤维体积分数对劈拉、抗弯强度和弹性模量等性能有显著影响。Basheerudeen 等[44]基于 SFRSCC 制作棱柱和板柱试件进行试验研究，研究表明，更多的钢纤维提供更高的韧性，使材料能够承担大挠度。在纤维体积分数不变的情况下，更高强度的混凝土试件表现出更优异的抗弯和抗冲剪性能。Zarrin 等[45]研究发现随着钢纤维体积分数的增加，钢纤维的抗弯强度、吸能能力和韧性都有所提高。同时，纤维的使用明显改善了裂纹的扩展。随着纤维体积分数的增加，裂纹间的平均间距减小。Abdel-Aleem 等[46]研究了改性的 SCRC，钢纤维（SF）的使用有利于缓解掺铬导致的混凝土劈裂抗拉强度和抗弯强度的降低。

由此可以看出，目前研究掺钢纤维 SCC 材料的已有成果十分庞杂，其中混合其他粉料、纤维的居多，但是从研究成果应用推广难易程度来看，以上的很多研究仅仅停留在实验室阶段，并不适宜在工程中大面积使用。并且单纯掺短、直钢纤维 SCC 的配合比、工作性能研究并不系统、完善，因此，本书在参考、分析、总结前人研究的基础上，对钢纤维自密实混凝土进行深入、系统研究，可为相关理论研究和工程应用提供指导。本书中研发的配合比已经获得国家发明专利。

1.3 SFRSCC 静态力学性能研究现状

混凝土工作时可能承受静态或动态荷载，图 1.1 给出了不同荷载下应变率响应区间。

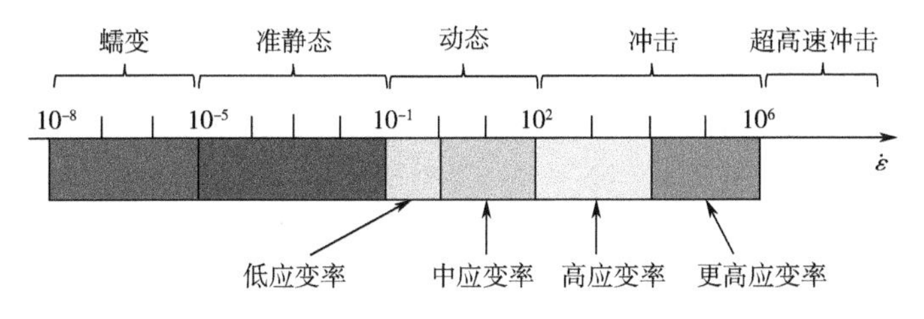

图 1.1 不同荷载下应变率响应区间

经过百年的探索研究，混凝土类材料准静态力学性能的相关理论研究与实验技术日趋成熟。目前已经有单轴拉压、多轴压缩、劈裂抗拉、弯曲及循环反复加卸载等试验。

一般采用电液伺服阀液压试验系统进行，能够完成 $10^{-6}\sim10^{-2}s^{-1}$ 范围内的恒应变率加载，如果配以反应快速的阀和油泵，可分别达到 $10^{-1}s^{-1}$ 和 $100s^{-1}$。随着控制系统精度的不断提高和试验机刚度的增加，对混凝土类材料在准静态加载下复杂力学行为的试验数据越来越可靠，描述也越来越精确。

目前公开资料显示，国内外对单掺钢纤维、混杂纤维 SCC 材料进行了多方位静态力学性能研究。Mohamed 等[47]研究了钢纤维掺量对 SFRSCC 在不同应力比下的双轴受力性能的影响。从单轴和双轴强度、应力-应变关系和失效模式讨论了 SFRSCC 试样的试验结果。重点指出，1.0%的纤维体积分数在双轴压缩和拉压强度方面与普通混凝土相比强度增大最多，分别提升了 55%和 84%。Li 等[48]研究指出定向分布纤维混凝土的劈裂抗拉强度表现出明显的各向异性。垂直于纤维方向的劈裂抗拉强度远高于平行于纤维方向的劈裂抗拉强度。垂直于纤维方向的劈裂抗拉强度几乎是普通混凝土抗拉强度的 2 倍。与随机分布纤维混凝土相比，抗弯强度提高了 97%。Vakili 等[49]为研究纤维和混杂纤维对玻璃钢加固轻骨料混凝土梁的抗剪强度，对 12 种不同体积分数的微玻璃纤维（GF）、微聚丙烯纤维（PPF）和大钢纤维（SF）配制的混凝土混合料进行抗压强度试验，确定了掺入轻骨料混凝土（LWC）的 GF、PPF 和 SF 的最佳纤维含量，确定了 GFRP（玻璃钢）增强轻骨料混凝土的抗剪强度修正系数 α。Mahapatra 等[50]系统地研究了含卷曲钢纤维（CSF）、聚丙烯纤维（PPF）、F 级粉煤灰（FA）和纳米二氧化硅（CNS）的混杂纤维增强自密实混凝土（HYFRSCC）的性能。多元线性回归分析预测了 FA、CNS、CSF 和 PPF 组合时，抗拉强度与圆柱体抗压强度的函数关系式。Al-Rawi 等[51]研究了钢纤维（SF）和磨细高炉矿渣（GGBFS）含量对粉煤灰基自密实聚合物混凝土（SCGC）新拌和硬化性能的影响。SF 与 GGBFS 的加入显著提高了 SCGC 的力学性能，使 SCGC 的劈裂强度和抗压强度分别提高了 65%和 200%。Ding 等[52]从已发表的文献中收集了 301 组试验数据，对自密实钢纤维混凝土（SC-SFRC）的配合比特性进行了量化研究。在多个调整参数下，普通混凝土配合比设计的水胶比计算模型适用于 SC-SFRC，提出了不同类型钢纤维 SC-SFRC 的抗拉强度计算模型。Ismail 等[53]通过加入钢纤维来优化自密实橡胶混凝土（SCRC）的性能。结果表明，在 SCRC 混合料中掺入钢纤维有可能提高 SCRC 的劈拉和抗弯强度。Ghavidel 等[54]开展了钢纤维混凝土拉拔试验，结果表明，试件的材料和配比、部分取芯和钢纤维含量对拉拔试验结果有显著影响。此外，建议必须为每种 SFRSCC 和素混凝土制订一个特定的校准曲线，以便对结果进行解释和比较，从而作出现实的评估。Jayaprakash 等[55]探讨了基于关联向量机（RVM）的回归方法在预测各种 SCC 混合料抗压强度中的适用性，综合考虑了水灰比、水胶比和钢纤维的影响，得到了各种 SCC 混合料的抗压强度数据。SCC 混合物的预测抗压强度与文献中相应的试验观察结果非常一致。

也有学者不仅研究掺钢纤维 SCC 材料本身性能，还将研究延伸扩展到材料制备的构件力学性能。Meza 等[56]使用了 15 个不同长径比和再生塑料纤维用量的纤维增强混凝土（FRC）试样，此外，9 个含有原始纤维（商用聚丙烯）的 FRC 样品和 2 个不含纤维的样品作为对照组进行了和易性、三点弯曲和残余拉拔试验，研究表明，高掺量、高长径比的纤维增强混凝土具有较好的抗弯性能，与未掺纤维的混凝土相比，纤维增强混凝土具有相似或优越的抗弯性能，在混凝土中的黏结性更好。数据表明采用再生纤维（RF）的 FRC 存在三个主要问题，与无纤维混凝土相比，RF 降低了和易性，纤维含量低于含原始纤维的样品，力学性能也不均匀。Gülian 和 Alzeebaree 等[57]制备了不同纳米二氧化硅含量（0，1%和 2%）和不同钢纤维含量（0，0.5%和 1%）的自密实聚合物混凝土（SCGC）。结果表明二者的结合使用显著提高了 SCGC 试样的黏结强度和弯曲性能。此外，纳米二氧化硅对材料的工作性能和抗压强度影响较大，而钢纤维对材料的弯曲性能和黏结强度影响较大。Ibrahim 等[58]在混凝土性能研究中加入混杂纤维，结果指出，与单一纤维增强混凝土相比，以混杂形式使用的纤维（SLWSCC）具有更高的复合性能。混杂纤维混凝土中 SF 含量为 0.6%、PP 含量为 0.3%时，抗弯强度提高了 206%，抗拉强度提高了 129%。Hossain 等[59]开展了 46 个不同长细比的圆形、方形和矩形钢管混凝土柱的单轴压缩试验。分析了失效模式、轴向荷载-位移曲线和应力-应变关系，并根据试验结果和现有模型确定了混凝土的约束强度。在现有的约束强度模型的基础上提出了修正模型，以适应不同类型的高性能混凝土和柱形。修正后的模型改进了约束混凝土强度的预测，修正模型的预测值与试验值的平均比值为 1.05。Zamri 等[60]研究了弯钩端钢纤维对混凝土弯曲性能的影响。设计了钢纤维掺量分别为 0.5%、0.75%、1.0%和 1.25%的素混凝土、自密实混凝土和四种 SFRSCC 混合料。试验结果表明，随着钢纤维体积分数的增加，抗弯强度急剧增加，而对圆柱体抗压强度和弹性模量影响不大。钢纤维的掺入也增加了混凝土的刚度，与普通 SCC 相比，SFRSCC 试件可以承受较大的荷载和较小的挠度，从而提高了混凝土的延性。Zhang 等[61]研究指出单纤维和混杂纤维的加入提高了 SCC 梁的极限承载力，但减小了梁的跨中挠度。他们提出了一种考虑混杂纤维影响的弯曲 SCC 梁室温极限承载力计算方法。Krassowska 等[62]对钢纤维混凝土梁的破坏模式进行了试验研究，其重点是观察受试构件的性能随抗剪钢筋和纤维数量的变化。对截面为 80mm×180mm、长度为 2000mm 的两跨梁模型进行了试验研究。进行了五点弯曲试验加载，纤维混凝土梁并没有被迅速破坏，它们在荷载作用下保持了形状的一致性。纤维混凝土梁斜裂缝数量较多，宽度较小。无纤维混凝土梁的破坏速度很快，具有典型的脆性开裂特征。与普通混凝土相比，钢纤维展现了开裂后传递显著剪应力的能力。Gao 等[63]进行了钢纤维再生粗骨料混凝土（SFRCAC）抗弯性能的试验，指出抗压强度对 SFRCAC 的影响与普通混凝土相似，随着再生粗骨料（RCA）取代率的增加，SFRCAC 开裂前的弯曲性能与普通混凝土相当相似，抗弯强度和弯曲韧性略有提高，挠度增大较大；钢纤维体积分数从 0.5%增加到 1%时加固效果明显改善，但高于 1%时加固效果变化率趋于平缓。Ahmad 等[64]对 SFRSCC 带肋钢筋混凝土板在四点弯曲下的极限强度和性能进行了试验研究。比较了全钢纤维（SFWS）和常规钢筋混凝土（CS 和 CRC）加筋板的性能。钢纤维增强试件（SFWS）的性能与常规钢筋混凝土加筋板试件（CRC）基本相当。Boita 等[65]对部分或全部外包型钢纤维混凝土剪力墙（CS-FRCW）的受力性能进行了全面的试验研究。用钢纤维代替传统的钢筋，改变了构件的破坏模式，从原来的弯曲模式，转变为剪切破坏模式。两者最大横向力几乎相同。在混凝土混合料中掺入钢纤维，可以提高混凝土的初裂力，并能在一个更稳定的过程中限制裂缝的突然张开。Zhang 等[66]对三种 SFRSCC 缺口梁进行了三点弯曲试验。随着加载速率的增加，断裂能和抗弯强度增加。对于 0.51%纤维含量，抗弯强度和断裂能的动态增长因子分别约为 6 和 3 ；而对于 1.23%纤维含量而言，它们分别为 4 和 2 左右。因此，纤维含量越高，加载速率灵敏度就越低。Lamide 等[67]进行了 SFSSCC 梁抗剪性能的试验，结果表明，钢纤维夹杂对材料的力学性能有积极的影响。钢纤维的加入使梁抗剪承载力提高了 40%。Ning 等[68]通过 7 根全尺寸 SFRSCC 梁的试验，研究了钢纤维对自密实混凝土梁弯曲性能的影响。结果表明，钢纤维的加入提高了混凝土的极限抗弯承载力，减小了跨中挠度。随着纤维含量的增加，纵向钢筋的应变、裂缝宽度和裂缝间距明显减小。探讨了用钢纤维部分替代常规纵筋的可能性，对推广 SFRSCC 的结构应用具有重要意义。

1.4 SFRSCC 动态力学性能研究现状

SFRSCC 材料与普通混凝土类材料在动态荷载作用下的力学响应类似，在峰值应变、初始弹性模量和泊松比等方面存在应变率效应。

1917 年，Abrams[69]通过对混凝土材料开展应变率分别为 $8\times10^{-6}\mathrm{s}^{-1}$ 和 $2\times10^{-4}\mathrm{s}^{-1}$ 的压缩试验，发现其抗压强度具有应变率敏感性。自此，拉开了混凝土材料应变率效应研究的序幕。

对于应变率强化效应，常采用动态强度和准静态强度的比值，即动态增强因子（dynamic increase factor，DIF）来表述。对大量试验数据进行归纳总结，得到了混凝土材料抗压强度 DIF 与应变率（$\dot{\varepsilon}$）之间的关系，如图 1.2 所示。

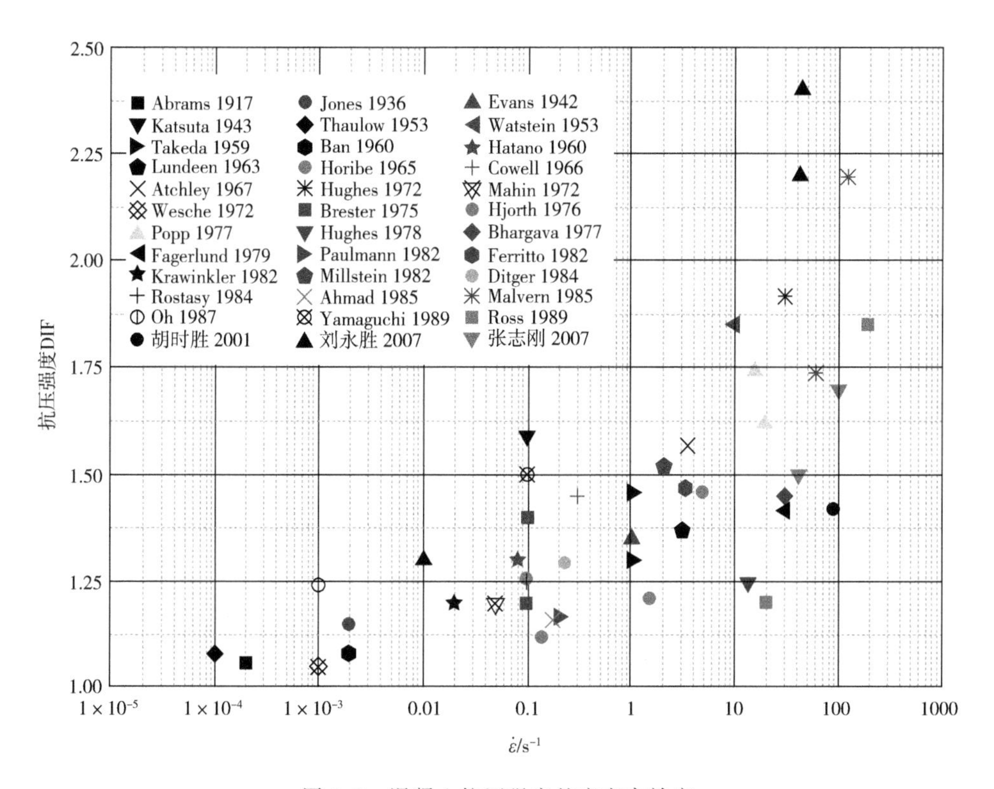

图 1.2 混凝土抗压强度的应变率效应

不同于动态抗压性能试验，混凝土材料动态抗拉试验的开展直到 20 世纪 60 年代才初见报道。Cowell[70] 对混凝土材料进行的巴西圆盘劈裂试验表明，混凝土材料的抗拉强度也具有应变率效应。

张文华等[71] 对超高强混凝土试件进行了分离式霍普金森压杆（SHPB）动态冲击拉伸试验，结果发现掺花岗岩和铁矿石的材料在应变率为 $11s^{-1}$ 时的动态抗拉强度相较于准静态分别增加了 4.2 倍和 3.7 倍。Häussler-Combe[72] 通过 SHPB 层裂试验得到应变率为 $100s^{-1}$ 时的动态抗拉强度相较于准静态提高了近 8 倍。

Malvar[73] 在大量试验数据基础上，绘制了混凝土抗拉强度 DIF 与应变率之间的关系，如图 1.3 所示。

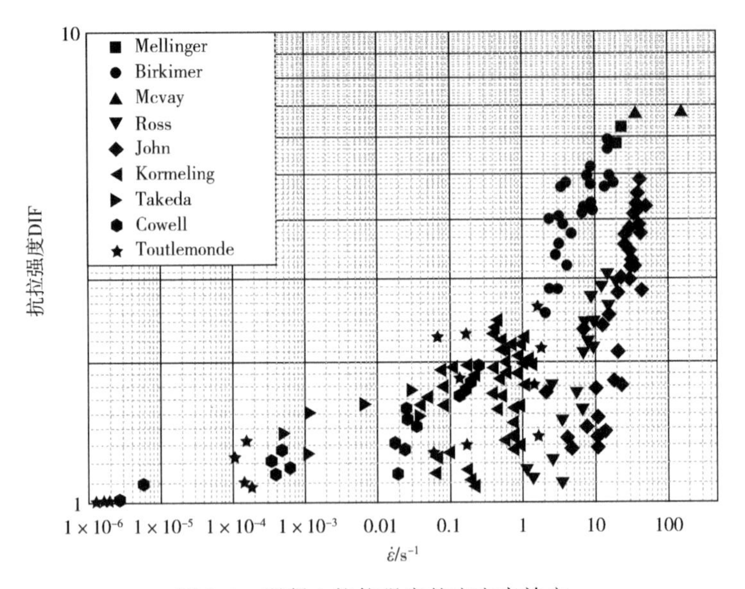

图 1.3　混凝土抗拉强度的应变率效应

由于混凝土类材料组分复杂、力学性能影响因素众多，各种试验装置亦有差异，普遍认为试验得到的数据点离散程度大。但从统计角度出发，如图 1.2、图 1.3 所示还是可以看出 DIF 在应变率高低不同情况下的一些规律。国内外一般对于应变率效应采用的形式有：

欧洲混凝土委员会（CEB）建议采用如下形式[74]：

$$\mathrm{DIF}=\frac{f_c}{f_{cs}}=\begin{cases}(\dot{\varepsilon}/\dot{\varepsilon}_s)^{1.026\alpha_s} & \dot{\varepsilon}\leqslant 30\mathrm{s}^{-1}\\ \gamma_s(\dot{\varepsilon}/\dot{\varepsilon}_s)^{1/3} & \dot{\varepsilon}>30\mathrm{s}^{-1}\end{cases}\tag{1.1}$$

其中系数 α_s、γ_s 分别为：

$$\begin{cases}\alpha_s=\dfrac{1}{5+9(f_{cs}/f_{c0})}，f_{c0}=10\text{MPa}\\ \lg\gamma_s=6.156\alpha_s-2\end{cases} \tag{1.2}$$

其中 f_c 是不同应变率 $\dot{\varepsilon}$ 下的动态抗压强度，f_{cs} 是参考应变率 $\dot{\varepsilon}_s=3\times10^{-5}\text{s}^{-1}$ 下的准静态抗压强度。单轴拉伸应力状态下：

$$\text{DIF}=\frac{f_t}{f_{ts}}=\begin{cases}(\dot{\varepsilon}/\dot{\varepsilon}_s)^{1.016\delta} & \dot{\varepsilon}\leqslant30\text{s}^{-1}\\ \beta\ (\dot{\varepsilon}/\dot{\varepsilon}_s)^{1/3} & \dot{\varepsilon}>30\text{s}^{-1}\end{cases} \tag{1.3}$$

系数 δ、β 分别为：

$$\begin{cases}\delta=\dfrac{1}{10+6(f_{ts}/f_{t0})}，f_{t0}=10\text{MPa}\\ \lg\beta=7.116\delta-2.33\end{cases} \tag{1.4}$$

其中 f_t 和 f_{ts} 分别为动态和准静态抗拉强度。

Tedesco 和 Ross[75]通过试验得到动态抗压/拉强度的增强因子与应变率之间的经验公式如下所示：

$$\text{DIF}=\frac{f_c}{f_{cs}}=\begin{cases}0.00965\lg\dot{\varepsilon}+1.508\geqslant1.0 & \dot{\varepsilon}\leqslant63.1\text{s}^{-1}\\ 0.758\lg\dot{\varepsilon}-0.298\leqslant2.5 & \dot{\varepsilon}>63.1\text{s}^{-1}\end{cases} \tag{1.5}$$

$$\text{DIF}=\frac{f_t}{f_{ts}}=\begin{cases}0.1425\lg\dot{\varepsilon}+1.833\geqslant1.0 & \dot{\varepsilon}\leqslant2.32\text{s}^{-1}\\ 2.929\lg\dot{\varepsilon}+0.814\leqslant6.0 & \dot{\varepsilon}>2.32\text{s}^{-1}\end{cases} \tag{1.6}$$

其中 f_{cs} 和 f_{ts} 分别为参考应变率 $\dot{\varepsilon}_s=1\times10^{-7}\text{s}^{-1}$ 下相应的准静态抗压、抗拉强度。

Lok[76]通过对掺钢纤维混凝土进行研究，得到动态抗压强度的 DIF 与应变率间的经验公式如下所示：

$$\text{DIF}=\frac{f_c}{f_{cs}}=\begin{cases}0.017\lg\dot{\varepsilon}+1.080 & \dot{\varepsilon}\leqslant20\text{s}^{-1}\\ 0.796\lg\dot{\varepsilon}+0.067 & \dot{\varepsilon}>20\text{s}^{-1}\end{cases} \tag{1.7}$$

上述公式均采用分段来描述 DIF 在高低应变率下的不同变化规律，由于数据点的离散程度较大，虽然上述 DIF 表达式中对于应变率分界点的界定和相关拟合参数不同，但 DIF 与应变率之间总体上呈正相关。

近年来，国内外学者也对掺纤维 SCC 材料、构件进行了动态力学性能研究，Al-Hadithi 等[77]研究了含再生塑料纤维的 SCC 板在冲击荷载作用下的性能。他们研究了 8 种（0.25%、0.5%、0.75%、1%、1.25%、1.5%、1.75%

和2%）不同体积比的塑料纤维体积掺量的SCC。研究表明，在SCC中掺入PET纤维可提高抗压和抗弯强度。含PET纤维板的抗冲击性能和吸能性能有明显提高，含PET纤维的混凝土最大挠度时间增加显著，在低速冲击下能吸收更多能量。Mahakavi等[78]研究了钩端纤维（0.25%、0.5%和0.75%）和卷曲纤维（0.25%和0.5%）不同组合情况下的SCC，结果表明，掺入钩端卷曲钢纤维能显著提高混凝土的抗压强度、抗弯强度和抗冲击性能。Naraganti等[79]研究了剑麻纤维对结构混凝土抗冲击性能的影响，并将其与聚丙烯（PP）和钢纤维进行了比较。除单纤维混凝土（MONO-FRC）外，还研究了含钢聚丙烯（S-PP）和钢剑麻（S-SI）纤维的混杂纤维混凝土（HYFRC）的抗冲击性能。纤维含量的增加提高了FRC的抗冲击性能。在单纤维混凝土中，钢纤维混凝土（SFRC）的性能优于剑麻纤维混凝土（SIFRC）。尽管钢剑麻混凝土的性能优于剑麻纤维混凝土，但在纤维用量为1.5%时，钢聚丙烯纤维混凝土的性能最优。AbdelAleem等[80]研究了合成纤维增强自密实橡胶混凝土（SCRC）的抗冲击性能和力学性能。指出提高橡胶粉含量对SCRC的力学性能有负面影响，但塑性和抗冲击性能明显提高。长钢纤维的加入大大提高了混凝土的力学性能和抗冲击性能。Ahmad等[81]研究显示，与传统的加筋肋板结构相比，钢纤维替代材料能够分别承受80%和73%的弯曲和冲剪极限承载力，而破坏模式相似，表明钢纤维在有效替代传统增强材料方面显示出巨大的潜力。Mastali等[82]进行了聚丙烯纤维与再生钢纤维（RSF）混杂增强自密实混凝土在不同纤维体积分数下的新拌和硬化性能试验。研究表明，复合再生钢纤维的加入提高了材料的抗冲击性能和力学性能。与聚丙烯纤维相比，再生钢纤维的加入提高了聚丙烯纤维的抗压强度。此外，增加聚丙烯纤维的含量也降低了再生钢纤维对抗弯强度的改善作用。Mastali等[83]研究了掺0.5%、1%、1.5%和2%的纤维体积分数以及长度为10mm、20mm和30mm的再生碳纤维自密实混凝土。研究发现，增加再生碳纤维的体积分数和长度，可以提高材料的力学性能和抗冲击性能，但同时降低了材料的和易性。Mastali等[84]还研究了再生钢纤维增强自密实混凝土中硅灰替代水泥的效果，结果表明，硅灰和再生钢纤维的复合作用提高了试样的力学性能和抗冲击性能。此外，还建立了试样的力学性能和抗冲击性能间的线性方程，这两者具有高度线性相关性。

可以看出，虽然国内外对混凝土材料的动态抗压、抗拉研究已经比较广泛，但是专门针对SFRSCC动态力学性能的研究还较少，特别对高应变率下SFRSCC的压缩和拉伸性能的研究还不足。

1.5 含钢纤维 SCC 抗爆性能研究现状

掺入各种抗拉强度高、伸长率高的纤维对混凝土进行加固，可以显著改善混凝土的力学性能、抗拉强度、抗弯强度和抗爆性能。钢纤维混凝土就是这种改性复合材料，其有效掺量是影响钢纤维混凝土力学性能的主要因素之一。目前，随着钢纤维混凝土技术的迅速发展，试验研究有了坚实的基础。Bischoff[85]和 Perumal[86]分别用落锤机和 SHPB 研究了钢纤维混凝土的冲击性能和动态力学性能。Kaïkea 等[87]用不同的组分制备了六组不同形态的钢纤维混凝土，结果表明，其抗压强度和峰值抗弯强度均有较大提高。Zhang 等[88-89]开展了不同加载速率下钢纤维混凝土开裂率的研究。然而，由于爆炸和冲击荷载的影响，混凝土的背面总是有剥落现象[90]。有时在混凝土板前面有爆炸坑，背面有剥落，甚至有穿孔[91-92]。

特别地，钢纤维目前用于土木工程中，可以增加结构的抗破裂能力或延长劣化结构的结构完整性。钢纤维混凝土的抗爆裂能力已被公认为是科学和工程领域的一个重要课题。Magnusson[93]对钢纤维混凝土的爆炸性能进行了研究，爆炸装药放置在距试件 10m 的位置处。Mao 等[94]对超高性能纤维混凝土的爆破性能进行了研究。Lan 等[95]和 Yusof 等[96]对钢纤维混凝土防爆性能的影响因素进行了试验研究。试验结果表明，纤维体积分数为 1%和 1.5%的试件在爆炸荷载下的抗爆性能最好（钢纤维的体积分数均小于 3%）。

关于冲击剥落已有大量研究，并提出了一系列剥落厚度公式[97-98]，然而，爆炸损伤区厚度公式的实验研究却很少。直到 1989 年，美国才在被称为“PCDM”的“防护结构设计手册”中给出了爆炸剥落厚度的经验公式[99]。值得注意的是，PCDM 公式的测试背景是在离目标有一定距离的金属外壳中的 TNT 的模拟炸弹的情况下。因此，通过对更高含量钢纤维的钢纤维混凝土结构进行接触爆破试验，建立接触爆炸荷载作用下损伤区厚度的新公式还需要进一步的研究。

1.6 SFRSCC 抗侵彻性能研究现状

随着常规高强度武器的快速发展，各种类型的弹丸对不同目标材料的侵彻仍然是当前的研究热点[100]。1992 年，美国海军对掺纤维混凝土靶进行了诸多抗侵彻试验，研究了掺纤维混凝土材料的抗侵彻性能[101]。Dancygier 等[102]研究表明增强高强度混凝土构件的延性、提高弹丸的抗冲击力，可以采用包括钢纤维、钢筋、金属丝网等加固混凝土的方法。

1997 年，Yankelevsky[103]经过抗冲击试验提出了一种新模型，可用于预测低速冲击下靶板侵彻、穿透情况。

Ong 等[104]、Almansa 等[105]提出了临界厚度预测模型，并指出为提高混凝土的抗裂、抗冲击性能可以使用掺端钩型钢纤维混凝土板，这类靶板比其他纤维增强板更好。

Zhang 等[106]的抗冲击试验结果表明，掺钢纤维混凝土能有效提高抗侵彻性能，随着钢纤维含量的增加，弹坑深度减小，但是侵彻深度影响不大。

Tai 等[107]的抗冲击试验结果表明，随着钢纤维含量增加，靶板损伤降低，韧性增加，抗断裂性能增强，破坏区域面积减小 50%，需要掺钢纤维 1%。

Cánovas 等[108]通过不同掺量的钢纤维靶板抗冲击试验，研究出了一种具有良好延性的高强度混凝土，可以最大限度地防止墙背面发生崩落现象，并可防止贯穿。

Sovják 等[109]、Máca 等[110]通过多种掺纤维含量不同的超高性能混凝土靶板抗冲击试验，得出掺钢纤维能有效增强靶板对弹丸冲击的抵抗能力，且得出最佳抗侵彻能力的靶板中钢纤维含量为 2%。

Liu Y 等[111]运用穿甲弹对掺 5%钢纤维的混凝土试件进行了抗侵彻试验，对比可知其贯入阻力是普通 C30 钢筋混凝土的 3 倍。

Almusallam 等[112]和 Wang 等[113]研究指出，掺部分钢纤维和混杂纤维的混凝土靶板裂纹发展较缓慢，弹坑体积、剥落破坏程度减小。

Wu 等[114-116]以高速弹丸（500～1320m/s）对 SFRC 靶板进行侵彻试验研究，提出一种预测钢纤维高强混凝土的弹道极限模型。

Yu 等[117]和 Prakash 等[118]进行的抗冲击试验指出，在高速、超高速弹丸冲击情况下，混杂纤维混凝土比单一端钩的钢纤维混凝土具有非常好的吸能效果。

1.7 本书研究工作及目标

本书主要研究对象为钢纤维自密实混凝土（SFRSCC），它是一种具备典型抗冲击性能的新型防护工程材料。普通钢纤维混凝土的韧性性能，SFRSCC

全部具备，且能用于超高层建筑、异形结构，这种新型材料的静态力学、动态力学等方面全面系统的试验研究非常少见。本书涉及本构关系理论、损伤破坏力学、复合材料理论、波动力学等，不仅可以探索 SFRSCC 抗冲击破坏机理，还有助于以上理论交叉学科的发展。全书共分 6 章，主要工作及内容如下：

第 1 章：绪论，主要阐述 SFRSCC 相关研究进展及背景。

第 2 章：参考钢纤维混凝土规范、自密实混凝土规范，进行了系统 SFRSCC 配合比试验，工作性能试验，开展了准静态压缩、单轴拉伸、劈裂抗拉等试验。通过数据拟合得到了 SFRSCC 的劈裂抗拉强度与钢纤维含量特征值的关系表达式；获得了强度等级为 C60 的 SFRSCC 单轴抗拉强度和劈裂抗拉强度的近似关系。基于 SHPB 技术，开展了 SFRSCC 动态压缩和动态拉伸试验研究，探讨加载率、基体强度、纤维含量等因素对 SFRSCC 动态力学性能的影响。探讨了纤维增强作用的机理，认为钢纤维的拉拔效应阻碍了混凝土内部裂纹的发展，从而提高了 SFRSCC 的抗拉强度。

第 3 章：开展了 SFRSCC 损伤演化模型研究，从微孔洞和微裂纹的观点出发提出了 SFRSCC 压剪耦合损伤模型和拉伸损伤演化模型，通过试验数据的拟合确定了模型中的相关参数。建立了 SFRSCC 含损伤屈服准则和状态方程，在分析现有试验数据的基础上，得到屈服准则和状态方程中的相关参数。

第 4 章：制作了 ϕ400mm×60mm 的混凝土圆板，对两种强度等级，不同钢纤维含量的自密实混凝土试件进行了水浴爆炸加载试验，并采用 FEM-SPH 耦合算法进行了 SFRSCC 板抗爆试验数值模拟，分析了强度等级和钢纤维含量对混凝土抗爆能力的影响。

第 5 章：开展了 SFRSCC 靶抗长杆弹侵彻试验研究，并分析了靶板的钢纤维含量和杆弹初始速度等对靶板抗侵彻性能的影响。在现有混凝土侵彻模型基础上，考虑钢纤维的影响，给出了预测 SFRSCC 靶板侵彻深度的经验公式，根据试验结果修正了相关参数。

第 6 章：全文总结与展望。对主要成果进行梳理、归纳，指出研究不足，展望未来研究工作方向。

第2章

SFRSCC工作性能及动静态力学行为

2.1 引言

由于自密实混凝土（SCC）具有流动性好和自密实的特点，其浇筑和质量控制比常规振捣混凝土（CVC）容易得多，在建筑行业得到了广泛的应用。然而，SCC 细骨料含量较高，这导致其特征长度较短，韧性和脆性比抗压强度相似的 CVC 低[119-121]，这使得 SCC 结构容易受到冲击荷载的影响。

大量文献证明[122-125]，添加到混凝土中的纤维可以显著改善混凝土的许多工程性能。SFRSCC 既继承了自密实混凝土的优点，同时，由于钢纤维的加入，又提高了基体的韧性和延展性。在各种荷载作用下，SFRSCC 发生脆性断裂的情况显著减少。

SFRSCC 的新拌和硬化性能受许多参数的影响。事实上，水泥的含量和类型、骨料含量及其最大尺寸，以及纤维的类型、长度（L）、直径（D）、纵横比（L/D）和体积分数（V_f）都起着重要的作用。

大量试验结果表明，在动态加载下，混凝土的力学性能与加载应变率密切相关。迄今为止，涉及 SFRSCC 动态行为的试验结果非常少，对其动态响应，尤其是材料的动态抗拉响应的认识也非常有限。为了更好地了解 SFRSCC 在动态载荷作用下的性能，评估不同基体强度和纤维含量对 SFRSCC 在不同加载速率下的动态抗拉强度的影响，还需要进行进一步研究。

本章首先开展了 SFRSCC 配合比设计研究，并按照相关规范进行了工作性能测试，随后制作试件开展了 SFRSCC 准静态力学性能研究，获取 SFRSCC 静态压缩、抗拉强度与基体强度等级、纤维含量的关系，开展了压汞试验（MIP）和扫描电镜试验（SEM），分析了钢纤维混凝土增强机制。基于 SHPB 技术，开展了 SFRSCC 动态压缩和动态拉伸试验研究，探讨了加载率、基体强度、纤维含量等因素对 SFRSCC 动态力学性能的影响。

2.2 SFRSCC 原材料和配合比设计

SFRSCC 是在普通细石混凝土基础之上添加钢纤维而制备的高性能混凝土，一般由胶凝材料、粗骨料、高性能外加剂、黄砂细骨料和拌合水等按照合适的比例制备而成。试验中所采用的原材料有硅酸盐水泥、河砂、瓜子片、粉煤灰、钢纤维和减水剂等。

2.2.1 原材料

(1) 水泥

试验所用水泥为P·O 42.5海螺牌水泥。按照GB 175—2007《通用硅酸盐水泥》的相关规定测定了水泥的具体性能参数，主要性能指标如表2.1所示。

表2.1 P·O 42.5海螺牌水泥的详细性能参数

名称		试验结果	标准限值
表观密度/(g/cm³)		3.13	—
凝结时间	初凝时间/min	146	≥45
	终凝时间/min	201	≤390
强度	3d抗压/MPa	21.2	≥17.0
	28d抗压/MPa	50.4	≥42.5
	3d抗折/MPa	4.7	≥3.5
	28d抗折/MPa	7.8	≥6.5

(2) 细骨料

试验选用的细骨料为天然河砂，按照GB/T 14684—2011《建设用砂》的要求，使用筛分试验测试了河砂的级配。测试结果如表2.2、表2.3和图2.1所示。

表2.2 天然河砂的筛分试验测试结果

筛孔尺寸/mm	分计筛余		累计筛余	细度模数计算
	筛余量 m_i/g	百分率 A_i/%	百分率 A_i/%	
4.75	8.66	1.73	1.73	$M_x=\frac{(A_2+A_3+A_4+A_5+A_6)-5A_1}{100-A_1}=2.39$
2.36	22.86	4.57	6.3	
1.18	43.29	8.66	14.96	
0.6	159.32	31.87	46.83	
0.3	162.50	32.51	79.34	
0.15	83.07	16.62	95.96	
<0.15	20.13	4.03	99.99	
Σ	499.83			

表 2.3　天然河砂的详细性能参数

堆积密度/(g/cm³)	空隙率/%	表观密度/(g/cm³)	含水率/%
1.57	43.8	2.69	0.49

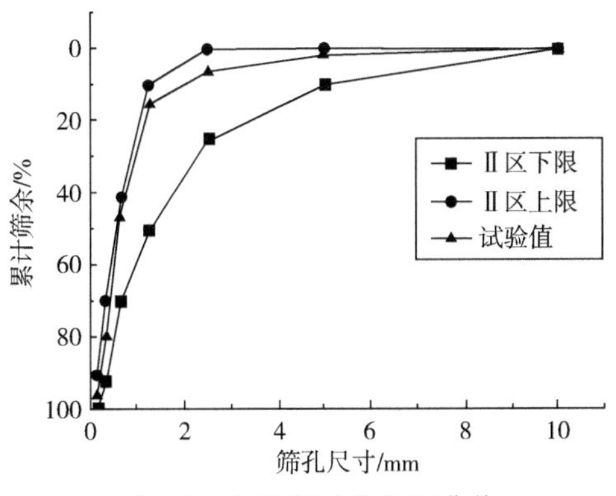

图 2.1　天然河砂的级配曲线

由图 2.1 可知，累计筛余的试验曲线分布在Ⅱ区的上限和下限之间，满足连续级配的规范要求，实测细度模数为 2.38，属于Ⅱ类中砂。

(3) 天然粗骨料

由于在混凝土的各组分中，石子等粗骨料扮演骨架的功能，它的颗粒级配不但影响了混凝土的施工和易性，对强度也有较大影响，因此选择级配良好的粗骨料对试验的顺利进行至关重要。本书试验选用产于张家港市的瓜子片，详细性能参数如表 2.4、表 2.5 和图 2.2 所示。

表 2.4　瓜子片的基本性能指标

粒径/mm	堆积密度/(g/cm³)	空隙率/%	表观密度/(g/cm³)	含水率/%
5～16	1.48	44.1	2.65	0.76

表 2.5　瓜子片的颗粒级配

公称粒级/mm		累计筛余/%				
		方孔筛筛孔尺寸/mm				
		2.36	4.75	9.5	16	19
规范要求	5～16	95～100	85～100	30～60	0～10	0

续表

公称粒级/mm		累计筛余/%				
		方孔筛筛孔尺寸/mm				
		2.36	4.75	9.5	16	19
天然粗骨料级配	第1组	98.47	93.52	42.33	2.13	0
	第2组	97.63	92.64	45.17	1.92	0
	第3组	99.18	94.11	46.55	2.34	0
	平均值	98.43	93.42	44.68	2.13	0

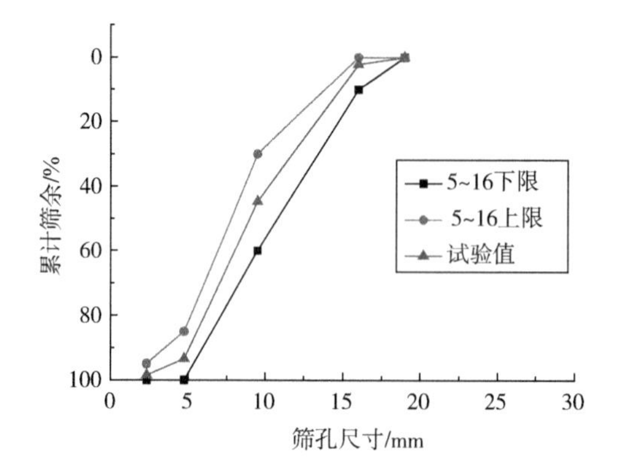

图 2.2　瓜子片的颗粒级配曲线

由表 2.5 和图 2.2 可知，本试验的瓜子片是满足规范要求的连续级配型，级配良好。

(4) 外加剂

为了提高混凝土的施工和易性，以及混凝土的保水性和流动性，本次试验中使用了聚羧酸类减水剂，详细指标如表 2.6 所示。

表 2.6　减水剂的详细参数

外观	固体含量	pH 值（20℃）	总碱量/%	氯离子含量/%
淡黄色粉末	(98±1)%	7～9	＜5	＜0.1

2.2.2　配合比设计

对 C40 和 C60 两种不同强度等级的自密实混凝土进行了研究。对于每一种自密实混凝土，添加四种不同体积分数的钢纤维：0.5%、1.0%、1.5%和2.0%。因此，共制备和研究了 8 种类型的 SFRSCC 试样。表 2.7 给出了SFRSCC的配合比，钢纤维的直径为 0.2mm，长度为 10mm，长径比为 50，屈服强度为 780MPa。

表 2.7 SFRSCC 配合比 kg

试件类型	水泥	沙	粗骨料	粉煤灰	水	减水剂	钢纤维
C40-0.5%	2.50	4.24	5.05	0.62	1.00	0.015	0.23
C40-1.0%	2.50	4.22	5.01	0.62	1.00	0.015	0.46
C40-1.5%	2.50	4.18	4.97	0.62	1.00	0.015	0.68
C40-2.0%	2.50	4.14	4.93	0.62	1.00	0.012	0.91
C60-0.5%	3.33	4.82	5.61	0.33	1.00	0.022	0.26
C60-1.0%	3.33	4.70	5.47	0.33	1.00	0.030	0.53
C60-1.5%	3.33	4.58	5.33	0.33	1.00	0.034	0.79
C60-2.0%	3.33	4.44	5.25	0.33	1.00	0.024	1.05

图 2.3 给出了部分原材料实物图。

(a) 钢纤维 (b) 粗骨料 (c) 细骨料

图 2.3 原材料实物图

2.3 SFRSCC 的工作性能

目前国际上普遍使用的自密实混凝土工作性能试验方法有坍落扩展度试验、T_{50}试验、L 型仪试验、U 型箱试验、J 型环试验等。详细的测试内容分见表 2.8，评价指标见表 2.9。

表 2.8　自密实混凝土工作性能测试内容

编号	测试方法	测试性能
1	坍落扩展度试验	填充性
2	T_{50} 试验	填充性
3	L 型仪试验	间隙通过性、抗离析性
4	U 型箱试验	间隙通过性、抗离析性
5	J 型环试验	间隙通过性

表 2.9　自密实混凝土工作性能评价指标

自密实性能	性能指标	性能等级	技术要求
填充性	坍落扩展度/mm	SF1	550～655
		SF2	660～755
		SF3	760～850
	扩展时间 T_{50}/s	VS1	≥2
		VS2	<2
间隙通过性	坍落扩展度与 J 型环扩展度差值/mm	PA1	25<PA1≤50
		PA2	0≤PA2≤25
间隙通过性、抗离析性	L 型仪（H_2/H_1）	Ⅰ级　钢筋间距 40mm	$H_2/H_1 \geq 0.8$
		Ⅱ级　钢筋间距 60mm	

采用艾布拉姆斯锥进行了坍落度试验，确定了 SFRSCC 的填充性和抗离析性。如表 2.10 所示，8 种 SFRSCC 混合料的坍落度均在 710～845mm 范围内，说明该混合料具有可接受的充填能力。在所有类型的 SFRSCC 混合料的坍落度试验中，均未发现离析迹象，并保持了良好的均匀性和黏结力。图 2.4 为坍落度试验照片。采用 L-box 试验对 SFRSCC 的通过能力进行了检验。表 2.10 给出了 SFRSCC 混合的 h_2/h_1 值，h_2/h_1 值范围为 0.89～0.94，在实际可接受的范围内。

表 2.10　SFRSCC 的工作性能

SFRSCC 类型	C40-0.5%	C40-1.0%	C40-1.5%	C40-2.0%	C60-0.5%	C60-1.0%	C60-1.5%	C60-2.0%
坍落度/mm	795	845	750	710	755	750	760	765
h_2/h_1	0.91	0.91	0.93	0.90	0.89	0.93	0.93	0.94

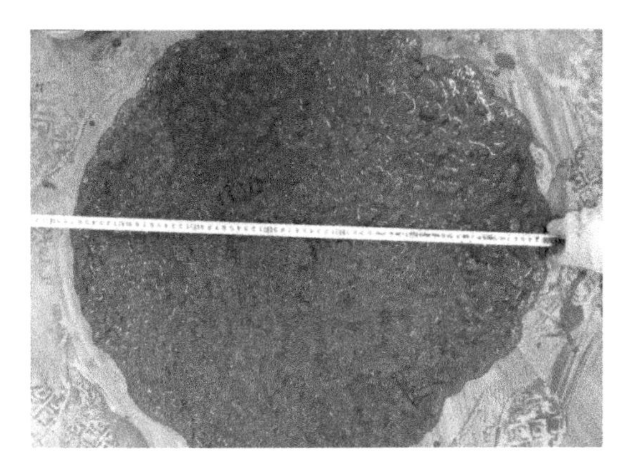

图 2.4　坍落度试验

2.4　SFRSCC 的准静态力学性能

2.4.1　准静态压缩试验

SFRSCC 的准静态压缩试验在 2000t 液压机上进行，测试了 150mm 立方体试件在 28d 的抗压强度。

表 2.11 给出了 8 种 SFRSCC 的准静态抗压强度，由表可知，基于 C40 等级的 SFRSCC 准静态抗压强度为 43.8～49.8MPa，C60 等级的 SFRSCC 准静态抗压强度为 60.1～69.6MPa，均符合相应强度等级要求。图 2.5 给出了随着钢纤维的含量递增立方体强度的变化曲线，可以看出，对于相同强度等级的 SFRSCC，其准静态抗压强度并不随着钢纤维含量的递增而变大，这是为了保证 SFRSCC 的工作性能和自密实度。混凝土配合比随纤维含量的变化而变化（如表 2.7 所示）。

表 2.11　SFRSCC 的准静态抗压强度

SFRSCC 类型	C40-0.5%	C40-1.0%	C40-1.5%	C40-2.0%	C60-0.5%	C60-1.0%	C60-1.5%	C60-2.0%
准静态抗压强度 f_c/MPa	49.8	43.8	46.6	48.8	60.1	69.6	64.9	66.1

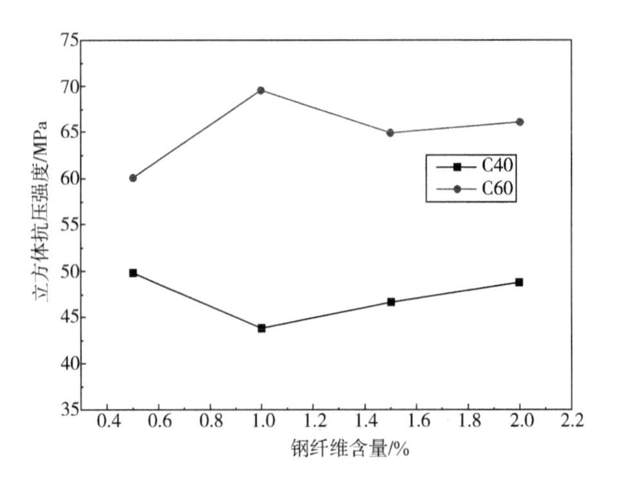

图 2.5 立方体抗压强度

2.4.2 准静态单轴拉伸试验

混凝土单轴拉伸试件尺寸为 ϕ50mm×100mm，为了能在普通万能试验机上开展试验，设计了专用夹具，试验装置如图 2.6 所示。试件两端用环氧树脂胶和钢制圆盘连接，圆盘底座开有凹槽，试件放入后可以增大胶水和试件的接触面。为保证拉力沿轴线方向，钢制圆盘和万能试验机夹头之间通过万向头进行连接。试验机加载速率为 0.5mm/min，试件应变率约为 $8.3\times10^{-5}s^{-1}$。

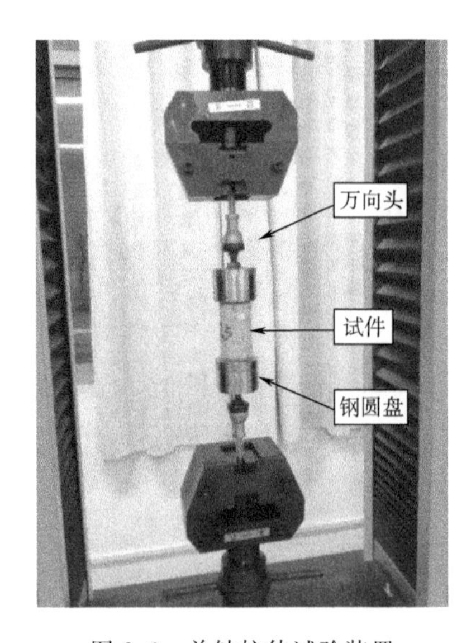

图 2.6 单轴拉伸试验装置

对强度等级为 C60 的普通自密实基准混凝土和四种不同纤维含量的 SFRSCC 开展试验，每种材料加工了四个试件，试件单轴抗拉强度平均值和标准差如表 2.12 所示。从试验结果可以看出，SFRSCC 的单轴抗拉强度随钢纤维含量的递增而变大。与普通自密实混凝土相比，当钢纤维含量从 0.5%提高到 2%时，抗拉强度提高了 7%至 18%。

表 2.12　混凝土单轴抗拉强度

材料	纤维体积含量 V_f/%	单轴抗拉强度 f_{ft}/MPa
C60-0.0%	0.0	2.61±0.20
C60-0.5%	0.5	2.80±0.13
C60-1.0%	1.0	2.89±0.07
C60-1.5%	1.5	3.04±0.22
C60-2.0%	2.0	3.07±0.10

试件断口如图 2.7 所示，普通自密实混凝土加载过程中裂纹沿断裂面迅速发展、贯通，破坏断面虽不规则，但界面清晰而整齐，为典型的脆性断裂。SFRSCC 加载过程中裂纹发展相对较慢，由于钢纤维在混凝土中乱向分布，使裂纹扩展路径不确定，在断口附近往往出现多条裂纹，因此破坏断面粗糙而不平整。当混凝土基体断裂后，钢纤维混凝土还能通过钢纤维传递拉力，直到纤维被拉断或拔出，因此材料具有一定的塑性和韧性，破坏过程中能吸收更多的能量。

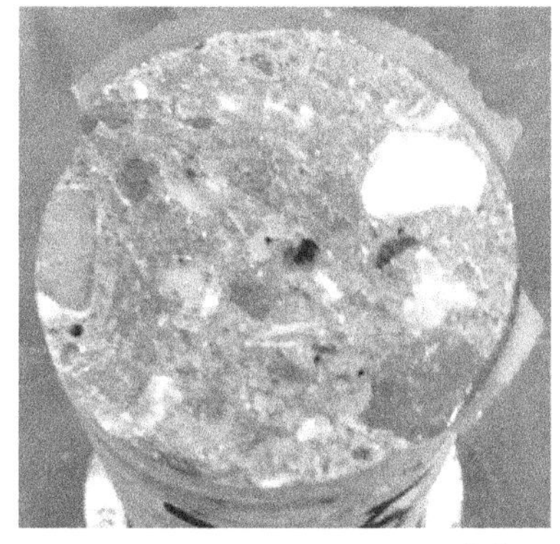
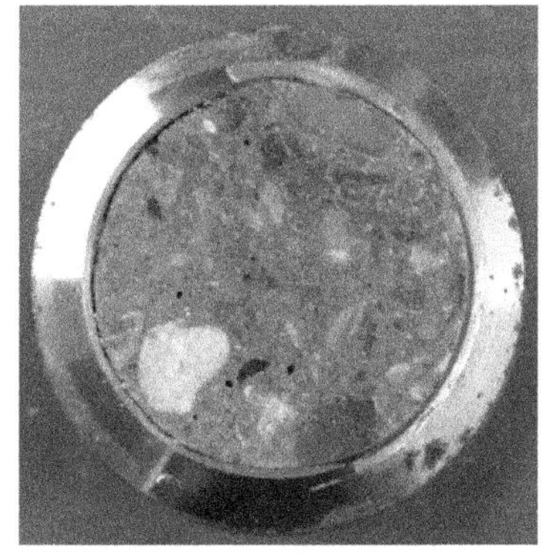

（a）C60-0.0%

图 2.7

（b）C60-1.5%

图 2.7　单轴拉伸试件断口形貌

钢纤维混凝土的单轴抗拉强度与 λ_f（纤维含量的特征值）有关：

$$\lambda_f = V_f l_f / d_f \tag{2.1}$$

式中，V_f 为钢纤维的含量（体积分数），l_f/d_f 为钢纤维的长径比，本试验中所用钢纤维直径 0.2mm，长度 10mm。图 2.8 给出了 SFRSCC 与普通自密实混凝土单轴抗拉强度比值（f_{ft}/f_t）与 λ_f 的关系。可以看出，SFRSCC 的 f_{ft} 与 λ_f 呈线性变化关系，对数据线性拟合可得到：

$$f_{ft} = f_t(1 + 0.2\lambda_f)\ (\text{MPa}) \tag{2.2}$$

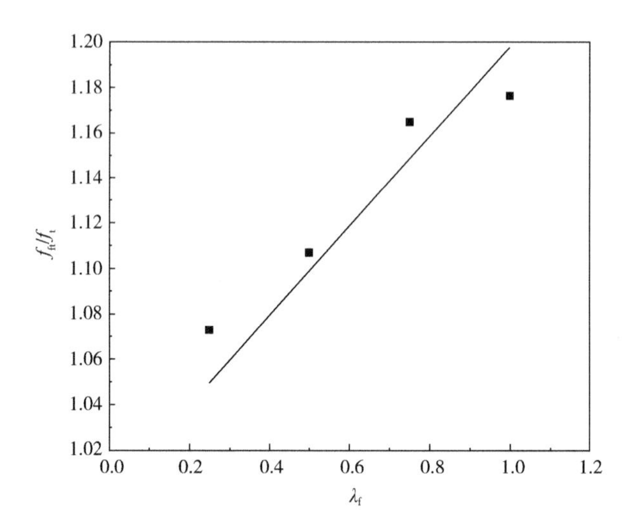

图 2.8　C60 级 SFRSCC 与普通自密实混凝土单轴抗拉强度比值与 λ_f 的关系

2.4.3 劈裂抗拉强度试验

劈裂抗拉强度试验采用圆盘试件在 100kN 电子万能试验机上进行，试件尺寸为 ϕ70mm×35mm。试验参照国标 GB/T 50081—2019 进行，加载速度为 0.005mm/s，试验装置如图 2.9 所示。对强度等级为 C40 和 C60，纤维体积含量分别为 0.5%、1%、1.5%、2%，共 8 种 SFRSCC 试件开展试验。每种材料取 3 次试验结果的平均值作为其劈裂抗拉强度，试验结果列于表 2.13 中。从表中可以看出，对于强度等级为 C40 的 SFRSCC，劈裂抗拉强度随着纤维含量的递增而不断变大，当纤维含量从 0.5%增加到 2%时，劈裂抗拉强度约增加了 36%，拉压强度比也有较大提高。对于强度等级为 C60 的 SFRSCC，除了纤维含量为 1%的 SFRSCC，劈裂抗拉强度的整体变化趋势与 C40 级 SFRSCC 相同，但变化范围较小，拉压强度比与 C40 级 SFRSCC 相比也有所减小。说明当基体的强度等级变大以后，钢纤维对抗拉强度的进一步提升作用有所减弱。

图 2.9　劈裂抗拉强度试验装置

表 2.13　SFRSCC 的劈裂抗拉强度试验详细数据

材料	纤维体积含量 V_f/%	单轴压缩强度 f_{fc}/MPa	劈裂抗拉强度 f_{fts}/MPa	拉压强度比 f_{fts}/f_{fc}
C40-0.5%	0.5	49.8	3.78	0.076
C40-1.0%	1.0	43.8	4.08	0.093

续表

材料	纤维体积含量 V_f/%	单轴压缩强度 f_{fc}/MPa	劈裂抗拉强度 f_{fts}/MPa	拉压强度比 f_{fts}/f_{fc}
C40-1.5%	1.5	46.6	4.34	0.093
C40-2.0%	2.0	48.8	5.14	0.105
C60-0.5%	0.5	60.1	4.73	0.079
C60-1.0%	1.0	69.6	5.37	0.077
C60-1.5%	1.5	64.9	4.93	0.076
C60-2.0%	2.0	66.1	5.40	0.082

图 2.10 给出了试验后试件的破坏形貌。当纤维含量较少时，试件加载后呈现脆性材料破坏的特点，裂纹沿破裂面快速发展而断裂。在图 2.11（a）中可以看到，裂纹基本沿着单一方向发展，破裂面较平整。随着钢纤维含量的不断递增，纤维的阻裂作用开始逐渐发挥，在试件加载过程中，裂纹不断产生，发展过程中由于受到纤维的作用而不断改变方向，破裂面出现多条不规则裂纹，如图 2.11（b）所示。因此，钢纤维能在较大程度上增强 SFRSCC 的抗拉强度，增加韧性，提高混凝土的延性，这对承受冲击荷载的结构意义重大。

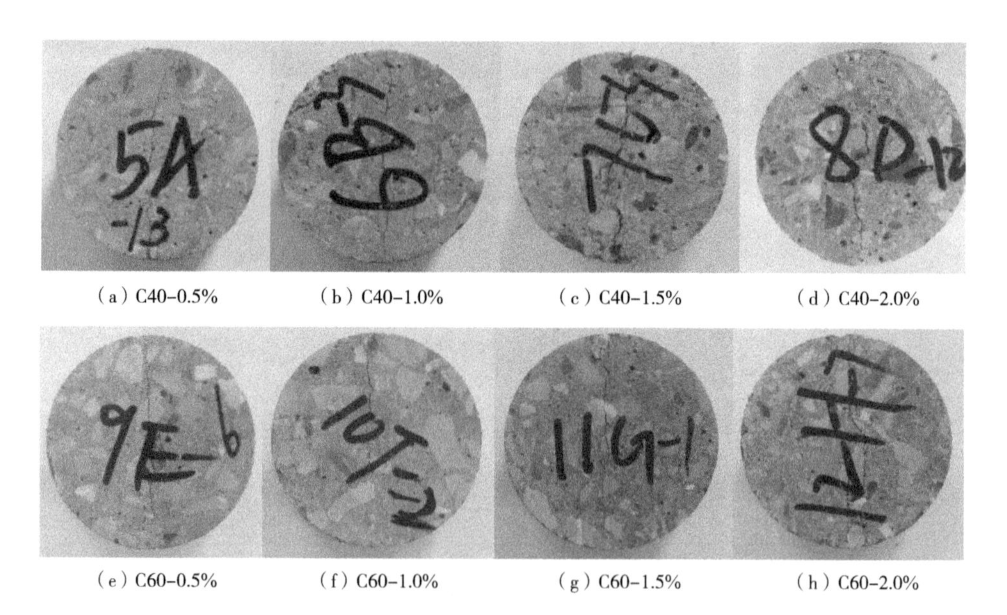

（a）C40-0.5%　（b）C40-1.0%　（c）C40-1.5%　（d）C40-2.0%

（e）C60-0.5%　（f）C60-1.0%　（g）C60-1.5%　（h）C60-2.0%

图 2.10　劈裂抗拉试件破坏形貌

（a）C60-0.5%

（b）C60-2.0%

图 2.11　试件裂纹细节

图 2.12 给出了 SFRSCC 劈裂抗拉强度和 λ_f 的对应关系，对于 C40 等级的 SFRSCC，拟合结果为：

$$f_{fts}=3.25(1+0.53\lambda_f)\ (\text{MPa}) \tag{2.3}$$

对于 C60 等级的 SFRSCC，拟合结果为：

$$f_{fts}=4.72(1+0.13\lambda_f)\ (\text{MPa}) \tag{2.4}$$

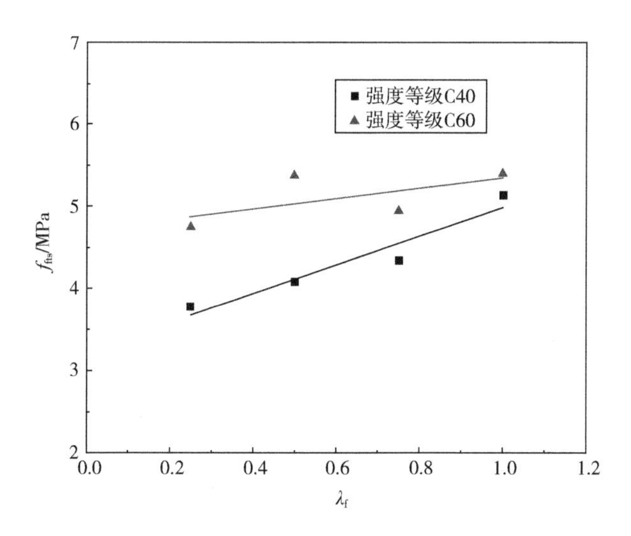

图 2.12　劈裂抗拉强度 f_{fts} 和 λ_f 的关系

由拟合结果可以看出，SFRSCC 的劈裂抗拉强度和 λ_f 呈线性变化关系，并且，随着基体强度的提高，增长趋势将变缓。

由式（2.2）和式（2.4），可以得到强度等级为 C60 的 SFRSCC 单轴抗拉强度和劈裂抗拉强度的关系：

$$\frac{f_{ft}}{f_{fts}}=\frac{261(1+0.2\lambda_f)}{472(1+0.13\lambda_f)} \tag{2.5}$$

2.5 钢纤维混凝土增强机制分析

钢纤维混凝土属于多相材料，它的宏观力学特性和微观结构密切相关，钢纤维混凝土的基体强度、孔结构及纤维与基体的界面性能等决定了混凝土的宏观力学性能。为了研究钢纤维混凝土性能增强机制，开展了压汞试验和扫描电镜试验。

2.5.1 压汞试验分析

采用压汞法（mercury intrusion method，MIP）可测试不同纤维掺量的钢纤维混凝土的孔结构，压汞仪如图 2.13 所示，试验在 YG-97A 电容式压汞仪上进行。

图 2.13　压汞仪

根据布特的分类方法，混凝土的孔可以按照孔径大小的不同分为 4 类，分别为：大孔（>1000nm）、毛细孔（100～1000nm）、过渡孔（10～100nm）和凝胶孔（<10nm）。强度为 C60 的 5 种不同配合比钢纤维混凝土的孔径分布曲线如图 2.14 所示。表 2.14 和图 2.15 为钢纤维混凝土孔径分布统计情况。

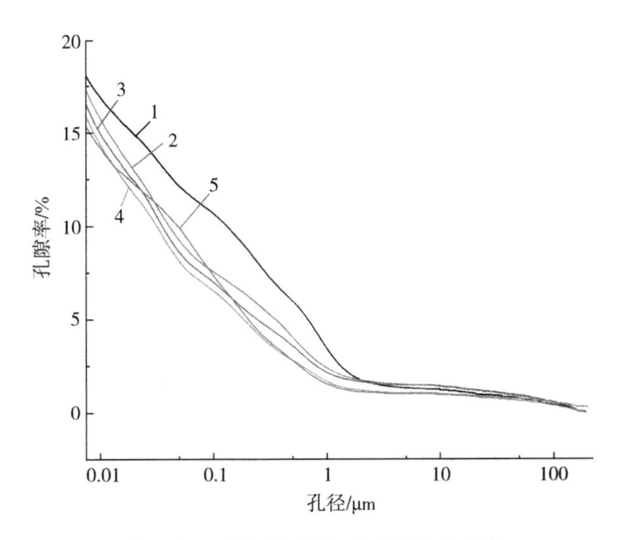

图 2.14　钢纤维混凝土孔径分布曲线

1—C60-0.0%；2—C60-0.5%；3—C60-1.0%；4—C60-1.5%；5—C60-2.0%

表 2.14　钢纤维混凝土孔径分布

材料	孔隙率/%	>1000nm	100～1000nm	10～100nm	<10nm
C60-0.0%	18.38	3.63	7.09	6.24	1.42
C60-0.5%	17.71	2.48	5.12	8.22	1.89
C60-1.0%	16.89	2.19	4.82	7.98	1.9
C60-1.5%	16.18	1.71	4.88	7.8	1.79
C60-2.0%	15.87	1.59	5.38	7.23	1.67

由表 2.14 和图 2.15 可知，随着钢纤维含量的不断增大，混凝土的总孔隙率由 18.38%减小到 15.87%，说明纤维能够改善混凝土的孔结构，使得混凝土更加密实，这也可能是钢纤维混凝土强度大于普通混凝土的主要原因之一。

按照文献[126]的方法，对钢纤维混凝土的大孔、毛细孔、过渡孔和凝胶孔分别与抗拉强度进行回归分析，回归方程和拟合曲线如图 2.16～图 2.19 所示。图中 R 为相关系数。

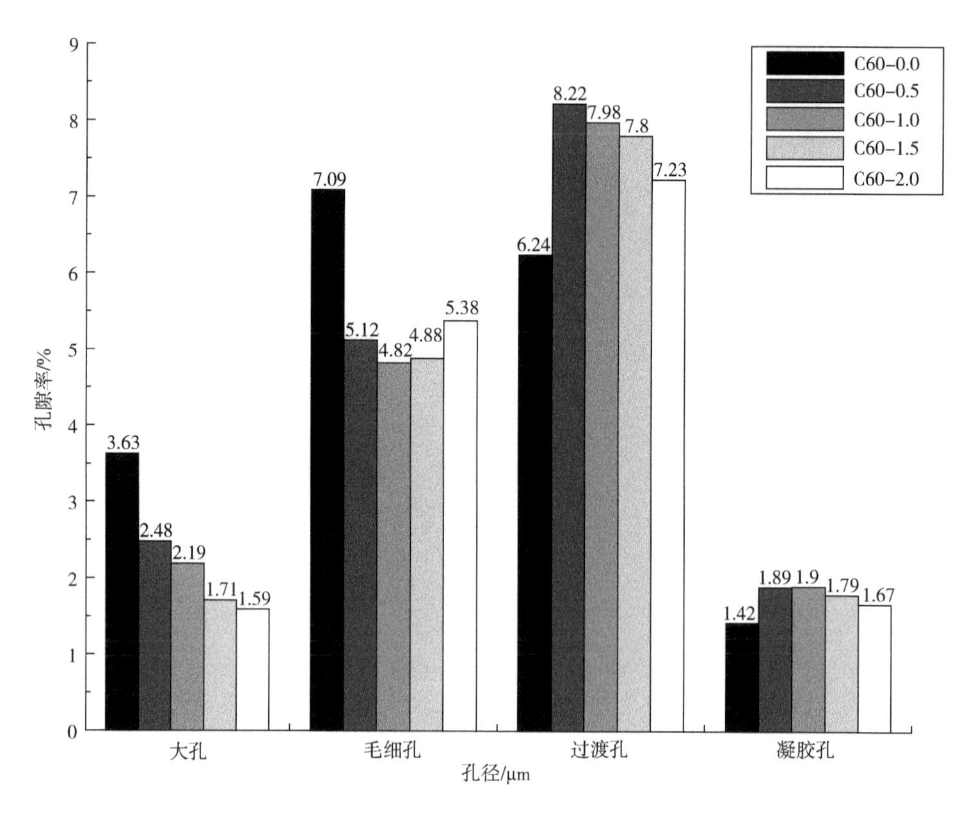

图 2.15　钢纤维混凝土孔径分布详图

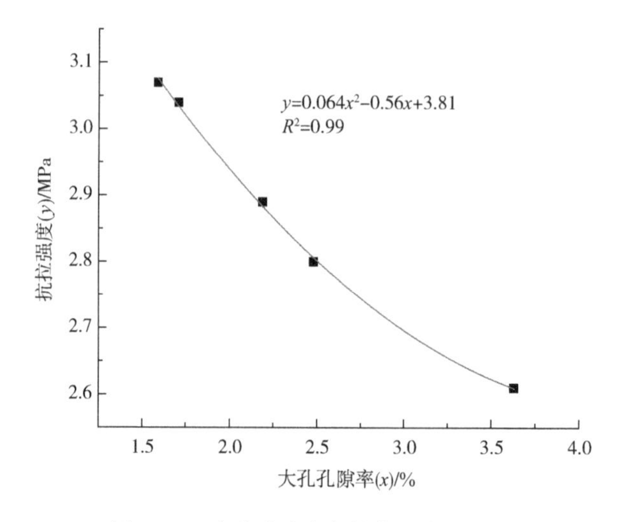

图 2.16　大孔孔隙率与抗拉强度的关系

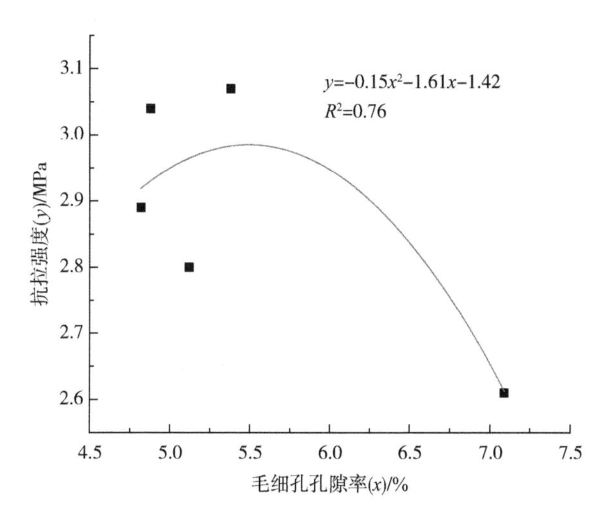

图 2.17 毛细孔孔隙率与抗拉强度的关系

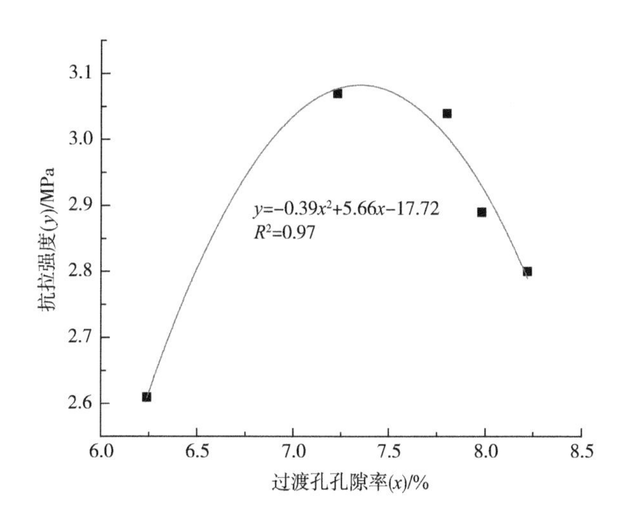

图 2.18 过渡孔孔隙率与抗拉强度的关系

从上述的拟合结果可知，钢纤维混凝土的大孔、毛细孔、过渡孔和凝胶孔分别与抗拉强度都有非常密切的相关性，四者的相关系数依次为 0.99、0.76、0.97 和 0.95。其中，抗拉强度随着大孔孔隙率的增大逐渐减小，随着毛细孔、过渡孔和凝胶孔孔隙率的增大先增大后减小。可以得出结论：混凝土的孔结构对强度有重要影响，大孔的孔隙率体现了混凝土抗拉强度的变化规律，可以作

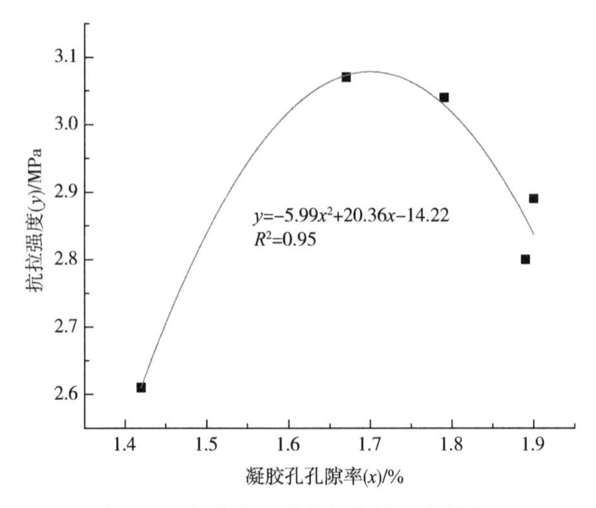

图 2.19 凝胶孔孔隙率与抗拉强度的关系

为钢纤维混凝土强度的评价指标。同时，由于随着纤维的增大，细化了混凝土的孔结构，减小了大孔数量，从而增大了抗拉强度。

2.5.2 界面过渡区微观结构分析

为了进一步研究钢纤维对混凝土界面过渡区性能的影响，采用扫描电镜（SEM）分析了钢纤维-水泥基体界面过渡区微观结构。试样经标准条件养护28d后，取出2cm左右的小试块，经过真空表面镀金后，在JSM-6510LA扫描电镜显微镜（图 2.20）下观察。

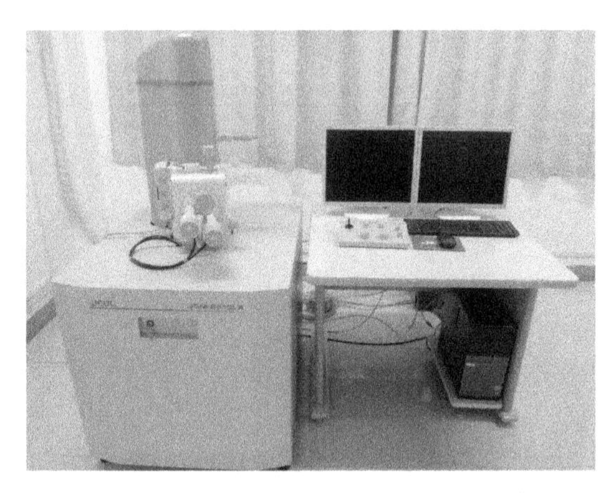

图 2.20 JSM-6510LA 扫描电镜显微镜

水泥混凝土成型后，水泥在随后的水化过程中不断消耗水分，内部的毛细孔因水分的减小而产生收缩，这种化学减缩和干燥收缩相叠加，使得混凝土的体积不断减小，产生塑性收缩变形。当这些收缩变形受到骨料约束后会在混凝土内部产生拉应力，由于混凝土的抗拉强度较低，易产生收缩裂缝，这也是混凝土先天微裂纹产生的主要原因之一。钢纤维掺入混凝土后，三维乱向分布的钢纤维分散了混凝土内部的拉应力，避免了应力集中造成的微裂纹；同时，钢纤维发挥了“阻裂”和“桥接”作用，避免裂缝的扩展和连通。

图 2.21 展示了不同钢纤维掺量的界面过渡区的微观结构。从图 2.21（a）可知，当钢纤维掺量为 0.5％时，钢纤维不能很好地限制收缩，减小收缩拉应力，在界面过渡区能清楚地发现较宽的平行裂缝和垂直裂缝。另外，由于钢纤维表面亲水，纤维周围会聚集部分自由水，导致该区域水灰比较大，基体强度较弱，界面过渡区比较松散，甚至存在尺寸较大的孔洞。

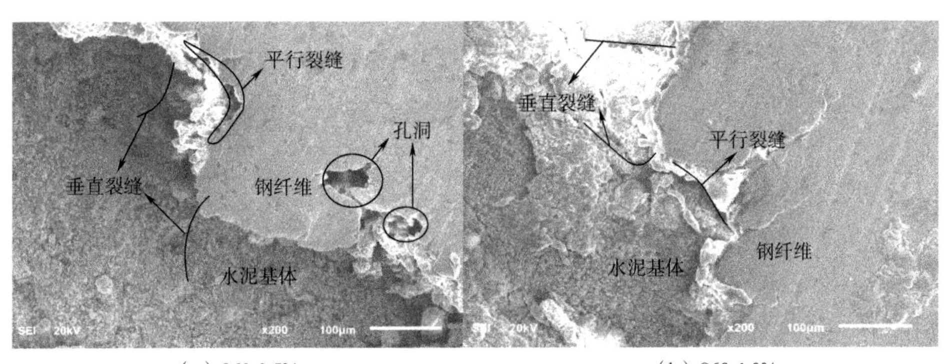

（a）C60-0.5%　　（b）C60-1.0%

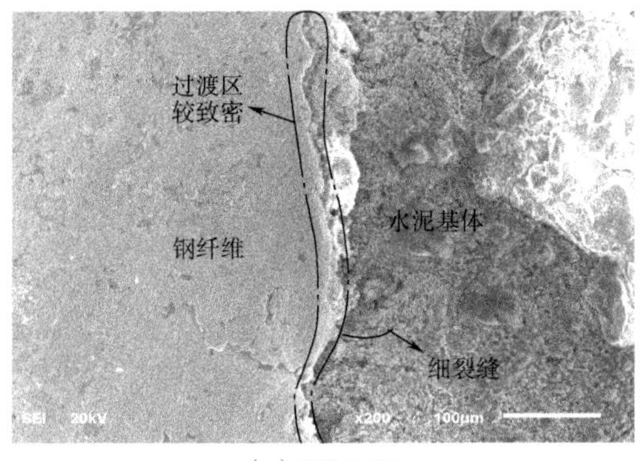

（c）C60-2.0%

图 2.21　钢纤维与水泥基体界面扫描电镜影像

随着钢纤维掺量的增加，三维乱向分布的钢纤维的“阻裂”功能慢慢发挥作用，界面过渡区的裂缝显著减小。从图 2.21（b）可知，当纤维掺量达到1%时，纤维附近平行裂缝的宽度显著减小，孔洞消失，但竖向裂缝长度和宽度没有显著变化。从图 2.21（c）可知，当钢纤维掺量达到 2%时，并没有出现普通混凝土“纤维成团”的情况，钢纤维自密实混凝土由于具有较好的流动性，其界面过渡区的缺陷进一步减少，钢纤维很好地分散了收缩拉应力，过渡区比较致密，钢纤维与水泥基体的界面变得模糊，黏结强度进一步提升。

从图 2.21 可以发现，对于自密实混凝土，随着钢纤维掺量的不断增大，钢纤维与水泥基体的界面过渡区的缺陷逐渐减小，裂缝逐渐消失，基体变得更加密实，这也是混凝土抗压强度和抗拉强度提高的主要原因之一。

2.6 SFRSCC 动态压缩试验研究

2.6.1 SHPB 试验装置和原理

使用直径为 75mm 的 SHPB 装置，对钢纤维含量分别为 0.5%、1.0%、1.5%、2.0%的 C40 和 C60 级 SFRSCC（共 8 种试件）进行动态压缩试验，SHPB 装置结构示意如图 2.22。试件制备直径为 70mm，长度 35mm。SHPB 装置由气枪、50mm 长的子弹、5.46m 长的入射杆、3.48m 长的透射杆和吸收杆组成，全部由钢制成。图 2.23 为 SHPB 实物。为了改善入射波形，在子弹撞击的入射端放置不同直径和厚度的黄铜片作为脉冲整形器，用于调整入射脉冲，一方面可以增加加载脉冲上升沿时间，以达到应力均匀性的要求；另一

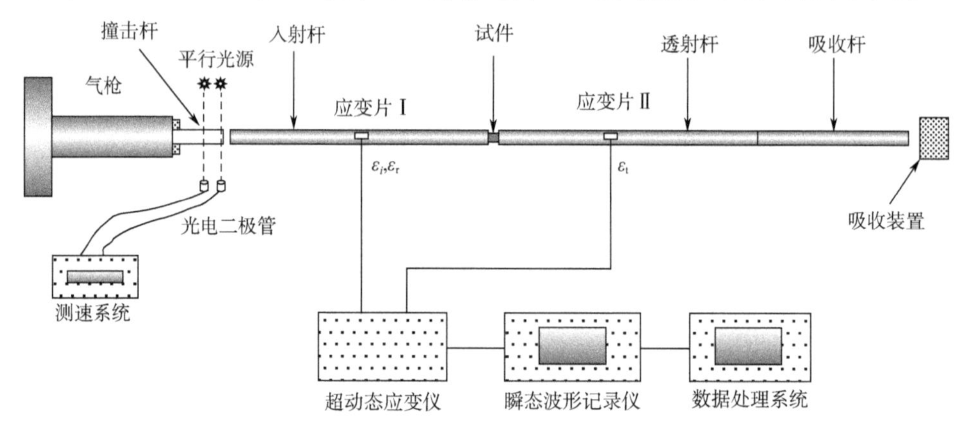

图 2.22　SHPB 装置结构示意

图2.23 SHPB实物

方面也可以减小入射脉冲中的高频噪声。

试验时，用气枪以一定速度发射子弹，撞击入射杆，产生一个向试件传播的压缩脉冲。当入射脉冲到达试件时，试件受到挤压。由于试件和透射杆/入射杆之间的波阻抗不相匹配，部分入射脉冲通过试件传输到透射杆，部分反射回入射杆。入射脉冲和反射脉冲由贴在入射杆中的两个相隔180°的应变片记录，而通过试件传输到透射杆的脉冲则由另一对贴在透射杆上的应变片测量。根据入射、透射杆上应变片检测到的入射、反射和透射应变信号，试件所经历的工程应力、工程应变和工程应变率可由著名的霍普金森杆方程[127]导出。图2.24给出了SHPB装置的典型波形。

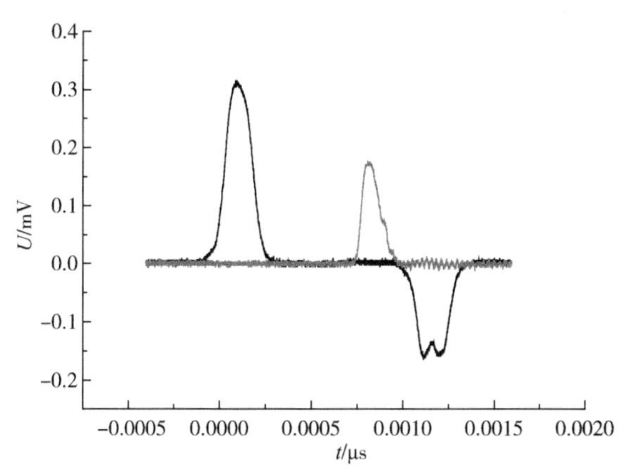

图2.24 SHPB装置的典型波形

U—电压；t—时间

假定测量得到的入射波、反射波和透射波信号分别为$\varepsilon_I(t)$、$\varepsilon_R(t)$和$\varepsilon_T(t)$，试件两个端面的位移u_1和u_2可分别表示为：

$$u_1=\int_0^t c_0\varepsilon_1\mathrm{d}t,\ u_2=\int_0^t c_0\varepsilon_2\mathrm{d}t \tag{2.6}$$

其中，c_0为杆中一维弹性波波速；ε_1为入射杆与试件接触面的应变，它包括了入射脉冲和反射脉冲；ε_2为透射杆与试件接触面的应变，它只与透射脉冲相关，故端面位移又可表示为：

$$u_1=\int_0^t c_0[\varepsilon_I(t)-\varepsilon_R(t)]\mathrm{d}t\ ,\ u_2=\int_0^t c_0\varepsilon_T(t)\mathrm{d}t \tag{2.7}$$

试件的平均应变为：

$$\varepsilon(t)=\frac{u_1-u_2}{L}=\frac{c_0}{L}\int_0^t[\varepsilon_I(t)-\varepsilon_R(t)-\varepsilon_T(t)]\mathrm{d}t \tag{2.8}$$

其中，L为试件的长度。将上式对时间求导可得平均应变率为：

$$\dot{\varepsilon}(t)=\frac{c_0}{L}[\varepsilon_I(t)-\varepsilon_R(t)-\varepsilon_T(t)] \tag{2.9}$$

试件两端所受的力可以表示为：

$$P_1(t)=EA[\varepsilon_I(t)+\varepsilon_R(t)] \tag{2.10}$$

$$P_2(t)=EA\varepsilon_T(t) \tag{2.11}$$

由此得到试件中的平均应力：

$$\sigma(t)=\frac{P_1(t)+P_2(t)}{2A_s}=\frac{EA}{2A_s}[\varepsilon_I(t)+\varepsilon_R(t)+\varepsilon_T(t)] \tag{2.12}$$

其中，A为入射杆和透射杆的横截面面积，A_s为试件的横截面面积。

式（2.8）、式（2.9）和式（2.12）即为普通SHPB试验测得的高应变率下试件应力-应变关系的“三波法”，即：

$$\begin{cases}\varepsilon(t)=\dfrac{c_0}{L}\displaystyle\int_0^t[\varepsilon_I(t)-\varepsilon_R(t)-\varepsilon_T(t)]\mathrm{d}t\\ \dot{\varepsilon}(t)=\dfrac{c_0}{L}[\varepsilon_I(t)-\varepsilon_R(t)-\varepsilon_T(t)]\\ \sigma(t)=\dfrac{EA}{2A_s}[\varepsilon_I(t)+\varepsilon_R(t)+\varepsilon_T(t)]\end{cases} \tag{2.13}$$

另外，由均匀性假定

$$\varepsilon_I(t)+\varepsilon_R(t)=\varepsilon_T(t) \tag{2.14}$$

将上式代入式（2.13），可得：

$$\begin{cases}\varepsilon(t)=\dfrac{2c_0}{L}\displaystyle\int_0^t[\varepsilon_{\mathrm{I}}(t)-\varepsilon_{\mathrm{T}}(t)]\mathrm{d}t\\\dot{\varepsilon}(t)=\dfrac{2c_0}{L}[\varepsilon_{\mathrm{I}}(t)-\varepsilon_{\mathrm{T}}(t)]\\\sigma(t)=\dfrac{EA}{A_s}\varepsilon_{\mathrm{T}}(t)\end{cases}\tag{2.15}$$

使用式（2.15）得到材料应力-应变关系的方法又称为“两波法”。由于采用大尺寸 SHPB 所测得的反射波弥散较严重，所以在处理混凝土数据的时候多采用“两波法”。

2.6.2　试验结果与分析

图 2.25 和图 2.26 分别给出了试验得到的 C40 级、C60 级 SFRSCC 在不同

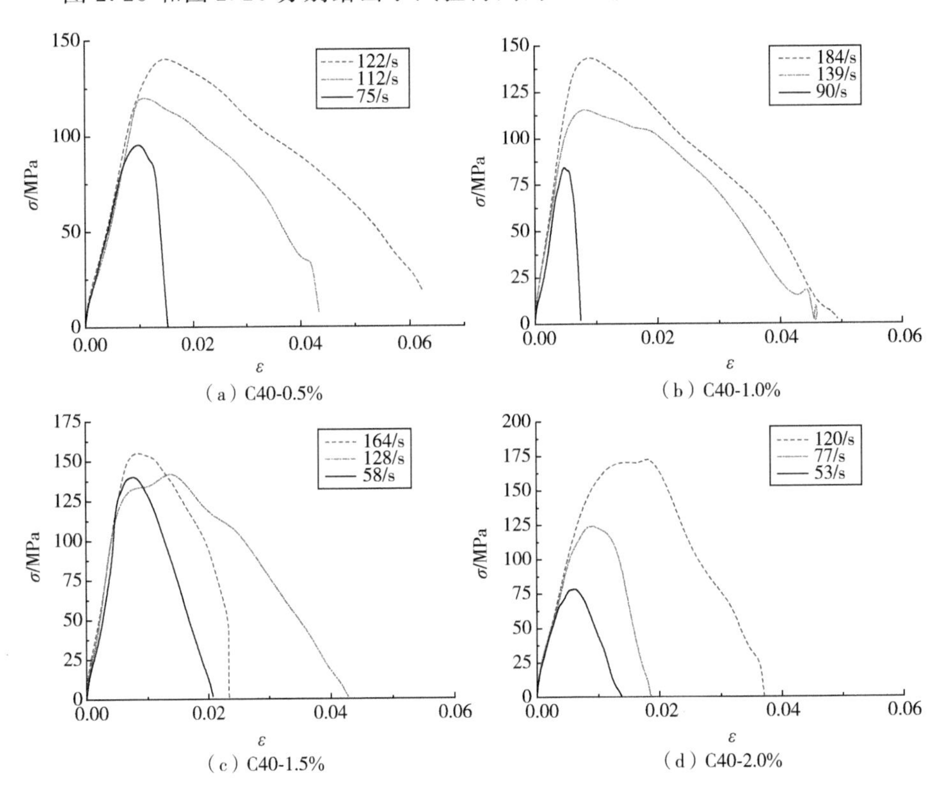

图 2.25　C40 级 SFRSCC 动态压缩 σ-ε 曲线

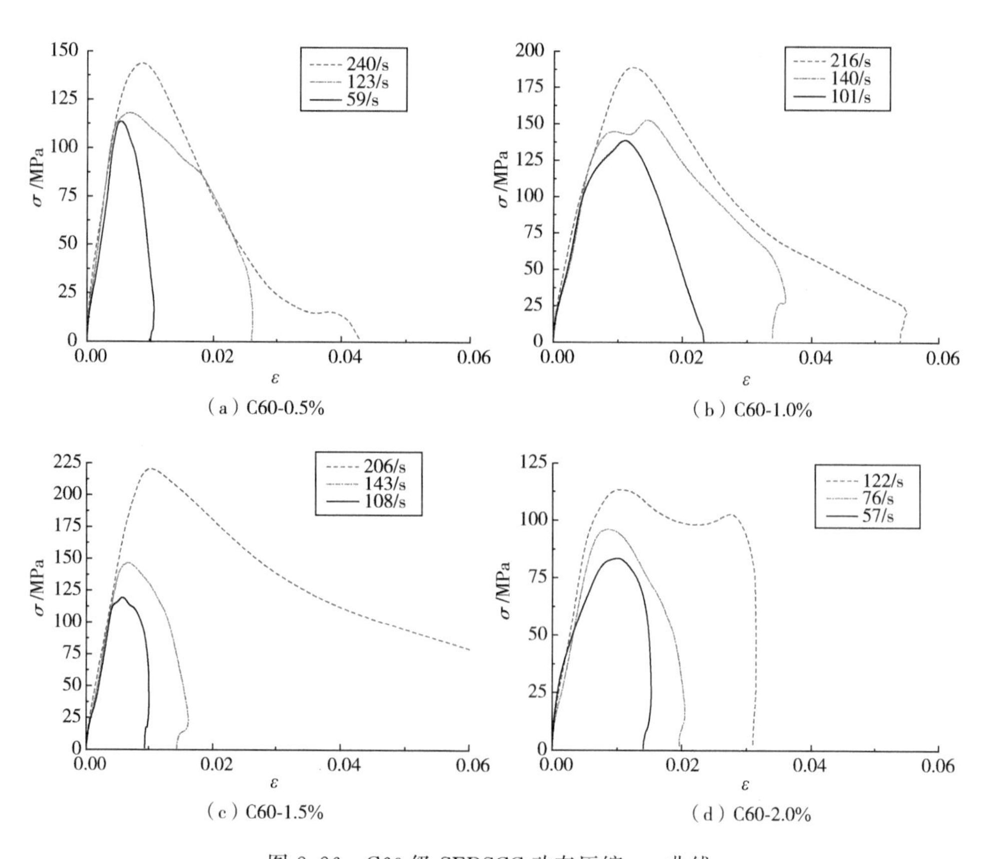

（a）C60-0.5%

（b）C60-1.0%

（c）C60-1.5%

（d）C60-2.0%

图 2.26 C60 级 SFRSCC 动态压缩 σ-ε 曲线

应变率情况下的动态压缩应力（σ）-应变（ε）变曲线。从图中可以看出，与普通混凝土类似，SFRSCC 也具有明显的应变率效应。应变率越高，SFRSCC 的峰值应力也越大，峰值应变也有类似的变化趋势。

混凝土强度的动态增强效果通常用动态增强因子（dynamic increase factor，DIF）来考查。DIF 定义为混凝土动态强度和准静态强度的比值，在动态压缩情况下，$\mathrm{DIF}=f_{c,d}/f_{c,s}$，其中 $f_{c,d}$ 是动态加载时不同应变率下的抗压强度，$f_{c,s}$ 是混凝土准静态抗压强度。普通混凝土的压缩强度 DIF 与应变率的关系目前已有不少经验公式，如 CEB-FIP（2010）经验公式：

$$\mathrm{DIF}=\begin{cases}(\dot{\varepsilon}/\dot{\varepsilon}_0)^{0.014} & \dot{\varepsilon}\leqslant 30\mathrm{s}^{-1}\\ 0.012(\dot{\varepsilon}/\dot{\varepsilon}_0)^{\frac{1}{3}} & \dot{\varepsilon}>30\mathrm{s}^{-1}\end{cases} \tag{2.16}$$

式中 $\dot{\varepsilon}_0=30\times10^{-6}\mathrm{s}^{-1}$ 为参考应变率。图 2.27 和图 2.28 分别给出了试验

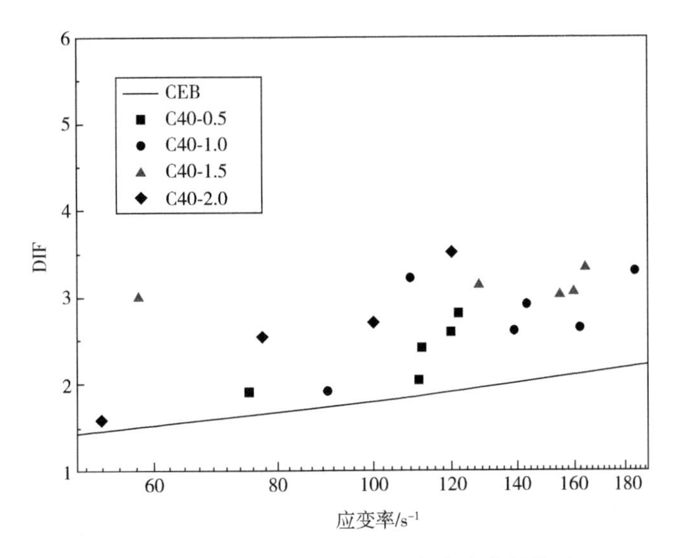

图 2.27　C40 级 SFRSCC DIF 与应变率的关系

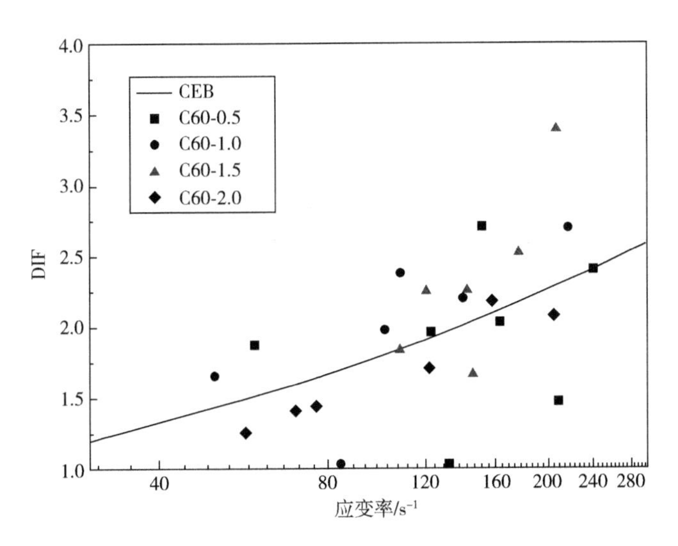

图 2.28　C60 级 SFRSCC DIF 与应变率的关系

获得的 C40 级、C60 级 SFRSCC DIF 与应变率的关系。为了便于比较，图中还给出了普通混凝土 CEB-FIP（2010）经验公式曲线。从图 2.27 可以看出，在 53～184s^{-1}的应变率范围内，C40 级 SFRSCC 的数据点均位于曲线上方，说明 C40 级 SFRSCC 的应变率敏感性要高于普通混凝土。例如，在应变率为

$120s^{-1}$，钢纤维含量为2.0%的C40级SFRSCC，其动态增强因子DIF为3.5，而普通混凝土只有1.9。在相同应变率下，随着纤维含量的增加，DIF也有增大的趋势。

对于C60级SFRSCC，情况则有所不同。从图2.28可以看到，在50～$240s^{-1}$的应变率范围内，试验数据点分布于曲线两侧，说明C60级SFRSCC的应变率敏感性和普通混凝土接近，而且当纤维含量超过某一值时，应变率敏感性有降低的趋势（钢纤维含量为2.0%的C60级SFRSCC的大部分数据点都位于曲线下方）。

2.7 SFRSCC动态拉伸试验研究

2.7.1 试验设备

SFRSCC的动态抗拉强度采用改进的霍普金森杆技术进行测量。图2.29给出了试验装置示意图，整个实验装置由一个圆柱形钢制子弹、入射杆、SFRSCC试件、透射杆和一个缓冲器组成。子弹直径75mm，长度150mm，由气枪发射，撞击入射杆。入射杆直径75mm，长3500mm，透射杆采用空心铝杆，内径60mm，外径70mm，长700mm。试验时将凡士林均匀涂于试件两端以保证试件与入射杆和透射杆之间良好接触。透射杆采用空心铝管是为了使其广义波阻抗远低于试样的波阻抗，以便在试件中产生足够的拉应力。入射杆和透射杆中的应力脉冲信号由粘贴在杆表面的应变片测量。SFRSCC的动态

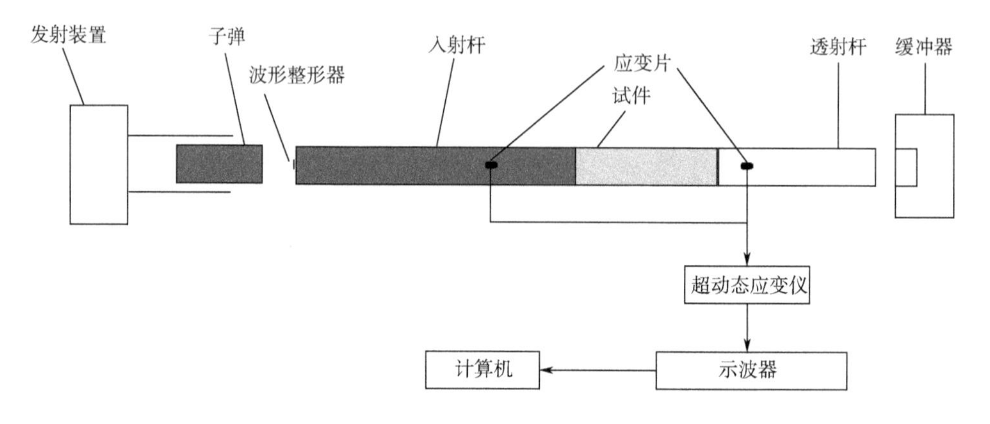

图2.29 试验装置示意图

抗拉强度可由透射杆上的应力波形计算得到。为了获得 SFRSCC 的波速，每种试件选取一个在其表面各粘贴三个应变片，应变片之间的距离为 50mm，通过测量应力波到达试件上各测点的时间差，即可算出试件中的波速。对强度等级为 C40 和 C60，纤维体积含量分别为 0.5％、1％、1.5％、2％的共 8 种 SFRSCC 材料开展试验。对于每一种类型的 SFRSCC，均制作了 5 个直径为 70mm、长度为 500mm 的试件进行层裂试验，图 2.30 为部分 SFRSCC 试件。试验装置实物图如图 2.31 所示。

图 2.30　部分 SFRSCC 试件

（a）整体布置图

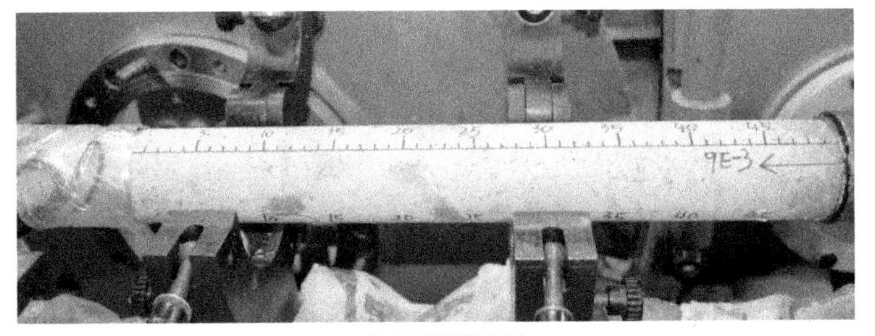

（b）局部放大图

图 2.31　试验装置实物图

图 2.32 和图 2.33 给出了应力波在杆中的传播和试件受拉断裂（层裂）过程。子弹撞击入射杆后，产生压缩应力波，沿入射杆向试件方向传播。应力波到达入射杆和试件界面时，发生反射和透射，部分压缩波通过该界面沿试样传

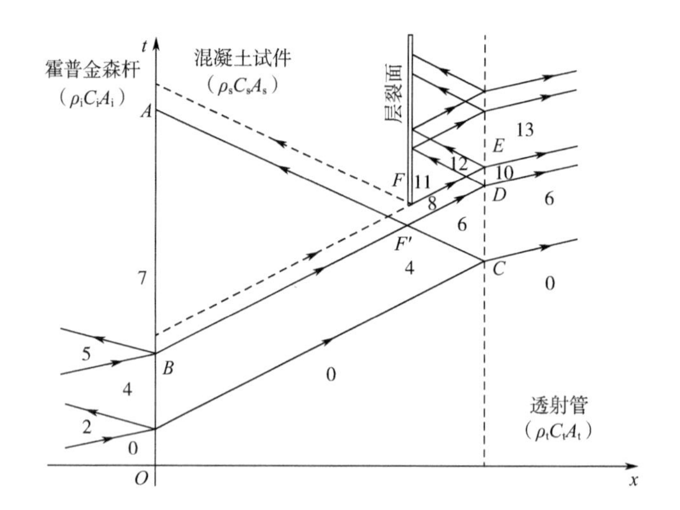

图 2.32　应力波传播波振面（x）-时间（t）图

ρ_i—入射杆密度；C_i—入射杆波速；A_i—入射杆横截面积；ρ_s—混凝土试件密度；C_s—混凝土试件波速；A_s—混凝土试件横截面积；ρ_t—透射杆密度；C_t—透射杆波速；A_t—透射杆横截面积

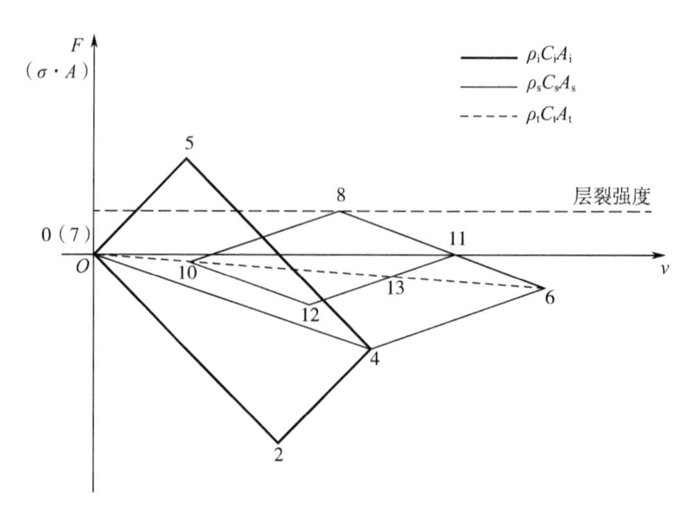

图 2.33　应力波传播力（F）-质点速度（v）图

播到试样和透射杆界面。由于透射杆的广义波阻抗较小，试件中的压缩脉冲将反射成拉伸脉冲，该拉伸脉冲与加载波后的卸载波相遇产生拉应力区（图 2.32 中的 F'）。当拉应力的幅值超过试件的损伤阈值，拉伸损伤开始累积，直至达到试件层裂强度（图 2.32 中的 F），试件开裂为两段，形成自由表面。在自由表面，拉伸脉冲卸载为零（图 2.33 中的状态 8 到状态 11），反射为压缩脉冲，传播到试样和透射杆界面，使透射杆中的应力波信号发生反向跳动，可视为层裂信号。有时，试件中拉伸波强度较高，还可能发生多次层裂。发生在试样中的应力波传播和反射都可以通过试样和透射杆界面的应力历史来反映。应力波在空心铝杆中传播时的弥散和衰减可忽略不计，因此，试样和透射杆界面的应力历史可由透射杆上的应变片测得的应力波形近似表示。图 2.34 给出了试件发生层裂时，透射杆上典型应力波形，其中 σ_{max} 为透射杆的最大压应力，σ_{min} 为出现层裂信号前的最小压应力。

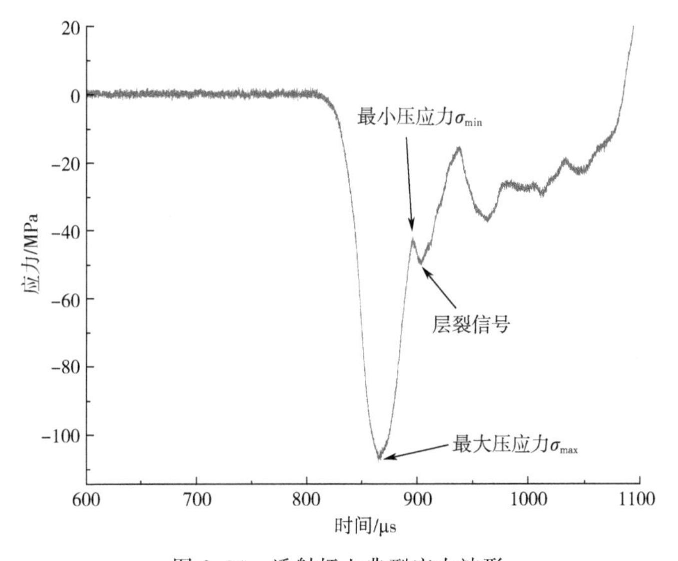

图 2.34　透射杆上典型应力波形

由一维线弹性应力波假设，可导出试件的动态拉伸强度，即层裂强度。在图 2.33 中，试件的层裂强度由状态点 8 对应的应力表示。状态点 6 和 10 在透射杆中的应力即为图 2.34 中的最大和最小压应力。记状态点 6 和 10 在试件中的应力为 σ_{s6} 和 σ_{s10}，在透射杆中的应力为 σ_{t6} 和 σ_{t10}。如图 2.32 所示，在混凝土中，从状态点 6 到 8 跨越右行波阵面，有

$$\sigma_{s8}-\sigma_{s6}=-\rho_s C_s(v_8-v_6) \tag{2.17}$$

其中，ρ_s 和 C_s 为试件的密度和弹性波速，v_8 和 v_6 代表状态 8 和 6 的质点速度。

从状态点 8 到 10 跨越左行波阵面，有

$$\sigma_{s10} - \sigma_{s8} = \rho_s C_s (v_{10} - v_8) \tag{2.18}$$

在透射杆中，从状态点 6 到 10 跨越右行波阵面，有

$$\sigma_{t10} - \sigma_{t6} = -\rho_t C_t (v_{10} - v_6) \tag{2.19}$$

在试件和透射杆界面处，有

$$\sigma_{s6} A_s = \sigma_{t6} A_t \tag{2.20}$$

$$\sigma_{s10} A_s = \sigma_{t10} A_t \tag{2.21}$$

其中，A_s 和 A_t 分别为试件和透射杆横截面的面积。

联立式（2.17）～式（2.21）可得

$$\sigma_8 = \frac{1}{2}\left[(\sigma_{t6} + \sigma_{t10}) - \frac{\rho_s C_s A_s}{\rho_t C_t A_t}(\sigma_{t6} - \sigma_{t10})\right]\frac{A_t}{A_s} \tag{2.22}$$

若用 σ_s 代表试件的层裂强度，并且令 $n = \dfrac{\rho_s C_s A_s}{\rho_t C_t A_t}$，即试件和透射杆的广义波阻抗比用 n 表示，$\sigma_{t6} = \sigma_{max}$，$\sigma_{t10} = \sigma_{min}$（见图 2.34），则（2.22）式可写为

$$\sigma_s = \frac{1}{2}\left[(\sigma_{max} + \sigma_{min}) - n(\sigma_{max} - \sigma_{min})\right]\frac{A_t}{A_s} \tag{2.23}$$

式（2.23）表明，只需测得透射杆上应力波形，并读出曲线上的最大和最小压应力，即可计算出试件的层裂强度。

2.7.2 试验结果

对于每一种类型的 SFRSCC，都制作了 5 个试件进行层裂试验，取得至少 3 个有效数据，并使用平均结果进行分析。每次试验时，弹丸的碰撞速度约为 8 m/s，入射杆加载应力速率约为 2.2TPa/s，由入射杆内应力脉冲峰值应力除以脉冲加载段持续时间来估算。8 种类型的 SFRSCC 的动态抗拉强度结果列于表 2.15 中。

表 2.15 SFRSCC 的动态抗拉强度

纤维体积分数/%		0.5	1.0	1.5	2.0
抗拉强度 σ_s /MPa	C40	14.3±0.3	17.0±0.4	19.8±0.3	23.1±0.5
	C60	18.5±0.6	21.4±0.4	23.0±0.5	27.0±0.5

将数据进行拟合后，SFRSCC 的动态抗拉强度与准静态抗压强度（f_c）和纤维体积分数（V_f）之间的关系可用如下经验公式来表示

$$\sigma_s = 2.35 + 6.68V_f + 0.223f_c - 0.021V_f f_c \tag{2.24}$$

图 2.35 给出了 SFRSCC 的动态抗拉强度与纤维体积分数的关系，从图中可以看出，试验结果和经验公式吻合较好。但由于试验数据的局限性，经验公式（2.24）只能适用于比较有限的范围。

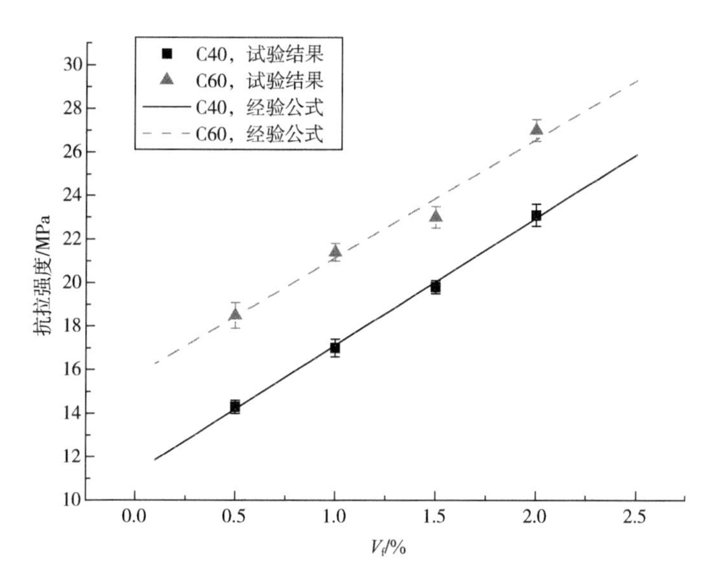

图 2.35 SFRSCC 的动态抗拉强度与纤维含量的关系

由试验结果，可以得出以下结论。

首先，SFRSCC 的动态抗拉强度受相应 SCC 混合料的准静态抗压强度的影响。在纤维含量相同的情况下，C60 级钢纤维混凝土比 C40 级钢纤维混凝土具有更高的动态抗拉强度。这一结论与普通混凝土的准静态拉伸试验结果[129]相似，表明 SCC 的抗压强度在 SFRSCC 动态拉伸和准静态拉伸中发挥着相似的作用。

其次，SFRSCC 的动态抗拉强度与纤维体积分数呈近似线性关系，类似于张磊等人[130]在钢纤维混凝土上观察到的现象。如图 2.35 所示，对于强度等级相同的自密实混凝土，四个数据点近似在一条直线上。

第三，随着钢纤维含量的增加，具有较高准静态抗压强度的 SFRSCC 的动态抗拉强度增加相对稍慢，这可以从式（2.24）右侧的第四项看出。

对于同一种强度等级的混凝土，SFRSCC 的抗压强度对其动态抗拉强度没有明显的影响。如图 2.35 所示，对于同一种强度等级，SFRSCC 的动态抗拉强度与纤维体积分数呈近似线性关系，由于 SFRSCC 的准静态抗压强度的变化而导致的偏差不明显。

2.7.3 钢纤维对 SFRSCC 抗拉强度的影响

钢纤维对 SCC 动态抗拉强度的影响是明显的。混凝土在受拉和开裂过程中，微裂缝产生、发展并最终集中形成宏观裂缝，最终导致混凝土的断裂[131]。钢纤维的拉拔效应对 SFRSCC 的抗拉能力起着额外的作用。钢纤维在 SFRSCC 中随机分布，并与基体紧密结合。在 SFRSCC 受拉过程中，微裂纹不断发展遇到纤维时，纤维会从基体中被拉出。首先，将纤维从基体中拉出会消耗额外的能量，使得 SFRSCC 比普通混凝土能抵抗更强的拉力。同时，纤维的拉出延迟了宏观裂纹的形成，从而导致了额外的微裂纹的产生和微裂纹发展路径的复杂化，同时也消耗了额外的能量。综上所述，钢纤维的加入通过消耗额外的能量，延缓了微裂纹的发展和从微裂纹向宏观裂缝的转变。因此，SFRSCC 的抗拉强度随纤维含量的增加而提高。

不同纤维含量的 SFRSCC 破坏形态如图 2.36 所示。可以看出，当纤维含量较低时，裂缝分布于混凝土表面整个圆周。由于钢纤维的黏结作用，试样沿断裂面未完全分离。随着纤维含量的增加，裂纹越来越细，裂纹分布不连续，这表明试样中的大部分拉伸荷载是由钢纤维承担的。同一试件在多次荷载作用下裂纹数量和宽度的变化如图 2.37 所示。可以观察到，SFRSCC 能够承受多次加载，随着加载次数的增加，裂纹的数量和宽度也随之增加。经过三次加

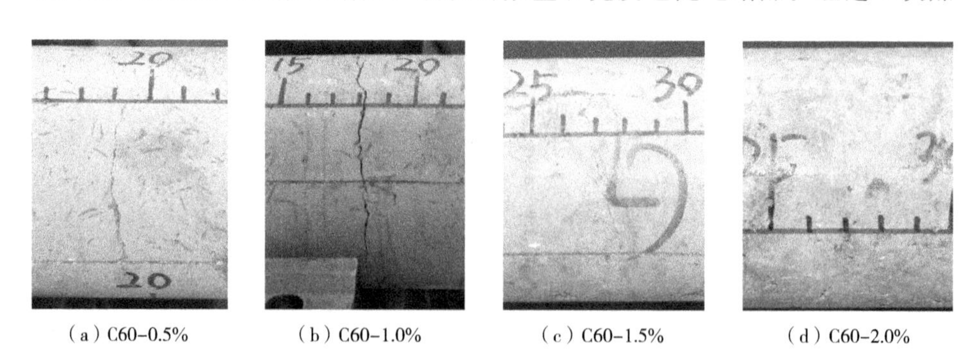

(a) C60-0.5%　(b) C60-1.0%　(c) C60-1.5%　(d) C60-2.0%

图 2.36 不同纤维含量的 SFRSCC 破坏形态

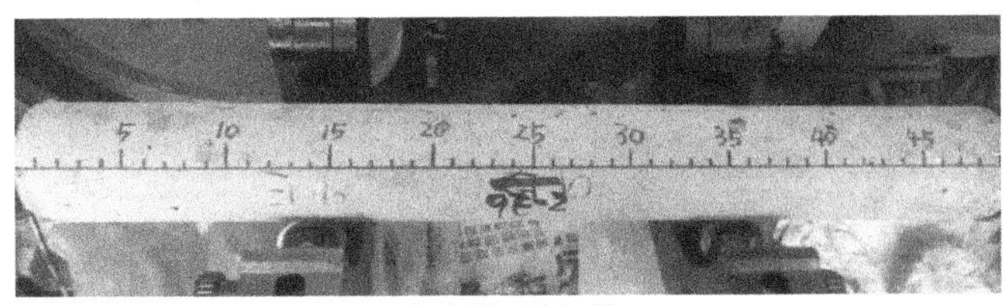

（a）第一次加载

（b）第二次加载

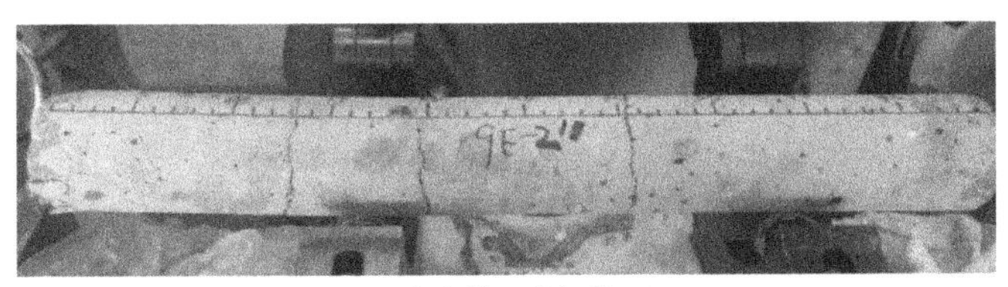

（c）第三次加载

图 2.37　同一试件重复加载（C60-0.5%）

载，试件断为四段，但仍没有完全分离。显然，SFRSCC 比素混凝土具有更好的抗重复荷载能力。这对于可能遭受多次攻击的军事防护结构来说是有利的。

2.8　本章小结

（1）开展了 SFRSCC 的配合比设计试验，设计了 C40 和 C60 两种不同强度等级的自密实混凝土。对于每一种自密实混凝土，添加四种不同体积分数的钢纤维：0.5%、1.0%、1.5%和 2.0%，共制备了 8 种类型的 SFRSCC 试样。

（2）开展了 SFRSCC 工作性能研究，采用艾布拉姆斯锥进行了坍落度试验，所有类型 SFRSCC 混合料均未发现离析迹象，并保持了良好的均匀性和黏结力。采用 L-box 试验对 SFRSCC 的通过能力进行了检验，试验结果满足相关要求。

（3）开展了 SFRSCC 准静态力学性能试验。设计专用夹具开展了单轴拉伸试验，获得了强度等级为 C60 的 SFRSCC 准静态单轴抗拉强度，并通过数据拟合得到了 SFRSCC 单轴抗拉强度与钢纤维含量特征值的关系表达式，两者呈线性增长关系。与普通自密实混凝土相比，当钢纤维含量从 0.5%提高到 2%时，抗拉强度提高了 7%～18%。

（4）开展了 SFRSCC 劈裂抗拉试验。对于强度等级为 C40 的混凝土，当纤维含量从 0.5%增加到 2%时，劈裂抗拉强度约增加了 36%。对于强度等级为 C60 的混凝土，除了纤维含量为 1%的混凝土，劈裂抗拉强度的整体变化趋势与 C40 级混凝土相同，但变化范围较小，说明当基体的抗拉强度等级变大以后，钢纤维对抗拉强度的进一步提升作用有所减弱。通过数据拟合得到了 SFRSCC 的劈裂抗拉强度和纤维含量的体征值 λ_f 的关系表达式。试件破坏形态表明，钢纤维有效提高了 SFRSCC 的抗拉强度，增加韧性，使其在破坏前能够充分吸收能量。

（5）开展了 SFRSCC 的压汞试验和扫描电镜试验，研究了钢纤维对混凝土孔结构和界面过渡区的影响。三维乱向分布的钢纤维分散了混凝土的收缩拉应力，细化了孔结构，减小了孔隙率，提高了钢纤维-水泥基体界面过渡区的强度。

（6）通过 SHPB 动态压缩试验，获得了 SFRSCC 在不同应变率下的应力-应变曲线。随着应变率的提高，SFRSCC 的峰值应力有所增加，具有明显的应变率效应。随着基体强度的增加，应变率效应将减弱。对于 C40 强度等级的 SFRSCC，应变率敏感性要高于普通混凝土，且随纤维含量的增加而增加；对于 C60 强度等级的 SFRSCC，应变率敏感性与普通混凝土接近，当纤维含量超过某一值后，应变率敏感性有降低的趋势。

（7）采用改进的 SHPB 装置开展了 SFRSCC 动态拉伸试验，结果表明，SFRSCC 的抗拉强度主要与相应 SCC 的抗压强度和纤维体积分数有关。抗压强度越大，抗拉强度越大。纤维体积分数越高，抗拉强度也越大。提出了 SFRSCC 的动态抗拉强度与准静态抗压强度 f_c 和纤维体积分数 V_f 之间关系的经验公式。探讨了纤维增强作用的机理。我们认为钢纤维的拉拔效应阻碍了混凝土内部裂纹的发展，从而提高了 SFRSCC 的抗拉强度。

第3章

SFRSCC损伤演化模型及含损伤屈服准则

3.1 引言

钢纤维自密实混凝土（SFRSCC）与普通混凝土相比虽然具有更好的韧性，但损伤破坏仍具有脆性材料的特点，即在加载过程中会产生大量的微裂纹，使材料的细观结构发生变化而引起微缺陷的孕育、扩展和聚合，导致材料的宏观力学性质劣化，最终引起开裂和破坏。因此研究材料在加载过程中损伤的产生、发展和演化规律对材料本构模型的建立非常重要。本章开展 SFRSCC 损伤演化模型研究，从微孔洞和微裂纹的观点出发提出了 SFRSCC 压剪耦合损伤模型和拉伸损伤演化模型，通过试验数据的拟合确定模型中的相关参数。建立了混凝土含损伤屈服准则和状态方程，在分析现有试验数据的基础上，得到屈服准则和状态方程中的相关参数。

3.2 损伤演化模型

作为一种典型脆性材料，SFRSCC 有两类基本的破坏与损伤形式。一类是拉伸损伤，主要表现为微裂纹扩散与连接（辅以微孔扩散和连接）。这类损伤主要是在局部拉应力作用下发展与演化的。另一类主要表现为微孔的扩散与连接（辅以微裂纹的扩散与连接），这类损伤形式称为压剪耦合损伤。“压剪耦合”的实质不是狭义的法向应力与剪应力的耦合，而是静水压力与其偏应力效应的耦合。

3.2.1 压剪耦合损伤演化模型

从微观结构观测，SFRSCC 中存在大量尺寸不同的孔洞与微裂纹，可以称为“损伤核心”，它们在一定的工况下生长发育，这就是我们提出的所谓“有核生长模式”。详细分析微孔与微裂纹的生长发育细节及其不同特征非常复杂，特别由于裂纹厚度和表面尺度的极端不对称性，且裂纹走向引起的明显损伤各向异性。一般而言，应引入损伤张量的概念来严格描述微裂纹损伤，这比较困难。但是，若 SFRSCC 中有许多微孔与微裂纹，并且尺寸与取向形状是随机的，我们就可采用以下统一等效简化的表述方法：以每个微孔与微裂纹最大尺度作为微孔或微裂纹直径的球形空腔被视为“等效微孔”，因此，可以将含有许多微孔与微裂纹的材料简化为含有许多“等效微孔”的所谓“等效微孔系统”。SFRSCC 中每一个微孔与微裂纹的生长发育可以用“等效微孔系统”的演化和发展来表述。本书将“等效微孔系统”的概念与“成核生长模型”的思想相结合，提出了压剪耦合损伤演化规律模型。通过对 SFRSCC 的 SHPB 动态压缩试验应力-应变曲线的拟合，得到了压剪耦合损伤演化方程的参数。

以 V_d 和 V_s 分别表示总体积为 V 的介质中的全部等效微孔洞的总体积和实体部分的总体积，则 $V = V_s + V_d$，$V_d = \Sigma v_d(i)$，其中 $v_d(i)$ 表示第 i 个等效微孔洞的体积。将等效微孔洞体系的损伤 D 定义为：

$$D = \frac{V_d}{V},\ V_d = DV \tag{3.1}$$

则有

$$\dot{V}_d = \dot{D}V + \dot{V}D \tag{3.2}$$

对于“压剪耦合”损伤，若假设损伤主要是在塑性阶段随着“压剪耦合”引起的塑性剪胀上升而发展，则等效微孔系统中每个微孔的相对生长速率与材料的塑性功率成正比；若假设损伤存在于弹性阶段，是由材料的“压剪耦合”引起的，则假设等效微孔系统中每个微孔的相对生长速率与材料的功率成正比。它们在工程应用上的差别不大。为了简化计算，本书将以后者为例，这样我们可以假设：

$$\frac{\dot{v}_d(i)}{v_d(i)} = a_1 \dot{W}/W_B$$

于是，由合比定理可得：

$$\frac{\dot{V}_d}{V_d} = a_1 \dot{W}/W_B \tag{3.3}$$

其中，a_1 为材料常数，W_B 为应力应变曲线峰值点对应的功。将式（3.2）代入式（3.3）并利用式（3.1）可得一般情况下的压剪耦合损伤演化方程如下：

$$\dot{D} = \left(a_1 D\dot{W} - D\frac{\dot{V}}{V}\right)/W_B = \left(a_1 D\dot{W} - D\frac{\dot{v}}{v}\right)/W_B = \left(a_1 D\dot{W} - D\,\mathrm{div}\boldsymbol{v}\right)/W_B \tag{3.4}$$

其中，V 为材料的总体积，v、$\boldsymbol{v}$、$\mathrm{div}\boldsymbol{v}$ 分别为材料的比容、质点速度和速度散度（即相对体积膨胀率）。式（3.4）中的第二项表示介质本身的膨胀对孔洞长大的分担和缓解作用。

当采用近似假定而假设实体材料不可压时，有 $\dot{V}_s=0$，而 $V_d=DV$，可得：

$$0=\dot{V}_s=\dot{V}-\dot{V}_d=\dot{V}-\frac{\mathrm{d}}{\mathrm{d}t}(DV)=\dot{V}-D\dot{V}-\dot{D}V$$

即

$$\dot{D}=(1-D)\frac{\dot{V}}{V}, D\frac{\dot{V}}{V}=\frac{D\dot{D}}{1-D} \tag{3.5}$$

于是可将式（3.4）转化为如下的实体材料不可压假定下的“压剪耦合”损伤演化方程：

$$\dot{D}=a_1D(1-D)\dot{W}/W_B \tag{3.6}$$

式（3.6）即为实体材料不可压假定下的材料“压剪耦合”损伤演化方程。

对单轴压缩的情况，可有：

$$\dot{D}=a_1D(1-D)\sigma\dot{\varepsilon}/W_B \tag{3.7}$$

假设 W_B 是应变率的幂次函数（也可是其他函数），上式进一步简化为：

$$\dot{D}=a_1\dot{\varepsilon}\gamma D(1-D)\sigma \tag{3.8}$$

如果材料是没有损伤的标准线弹性材料，则其一维应力-应变关系为：

$$\sigma=E\varepsilon \tag{3.9}$$

材料的非线性效应和损伤效应使得实际材料的应力-应变曲线会偏离这一关系。对于SFRSCC这类脆性材料而言，材料的非线性效应很小，可以认为这种偏离主要是由其损伤引起的，我们可假设其应力-应变关系由如下的含损伤非线性本构关系表达：

$$\sigma=E\varepsilon(1-D) \tag{3.10}$$

其增量形式为：

$$\dot{\sigma}=E(1-D)\dot{\varepsilon}-E\dot{D}\varepsilon \tag{3.11}$$

可进一步化为：

$$\dot{\sigma}=E(1-D)(\dot{\varepsilon}-a_1\dot{\varepsilon}\gamma D\sigma\varepsilon) \tag{3.12}$$

联立式（3.8）和式（3.12），SFRSCC的增量型的本构方程为：

$$\begin{cases}\dot{\varepsilon}=\dot{\varepsilon}_c \\ \dot{D}=a_1\dot{\varepsilon}\gamma D(1-D)\sigma \\ \dot{\sigma}=E(1-D)[\dot{\varepsilon}-a_1\dot{\varepsilon}\gamma D\sigma\varepsilon]\end{cases} \tag{3.13}$$

其中，$\dot{\varepsilon}_c$ 为通过试验测得的应变率。

上式是关于 σ、ε、D 的常微分方程组，由材料的初始状态可确定其初始条件：$\sigma|_{t=0}=0$、$\varepsilon|_{t=0}=0$、$D|_{t=0}=D_0$，D_0 为初始损伤（可取 0.05），材料失效破坏时损伤为 $D_c(\leqslant 1)$，本构方程中另外两个独立的材料参数 a_1 和 γ 可通过对试验数据进行拟合确定。

根据 2.6.2 节的 SHPB 试验结果，我们采用最小二乘法，对 C40 级和 C60 级 SFRSCC 的试验曲线逐步积分，对所提出的含损伤本构模型进行拟合，优选出了模型中的材料参数，见表 3.1，拟合结果如图 3.1 所示。由此可知，提出的本构模型可较好地反映 SFRSCC 材料的动态应力-应变关系。

表 3.1　SFRSCC 拟合参数

材料	a_1	γ
C40-0.5%	5.87×10^5	−1.62
C40-1.0%	2.22×10^4	−0.94
C40-1.5%	1.04×10^1	0.59
C40-2.0%	5.13×10^4	−1.16
C60-0.5%	3.13×10^1	0.48
C60-1.0%	1.06×10^2	0.16
C60-1.5%	2.45×10^5	−1.38
C60-2.0%	3.05×10^2	−0.20

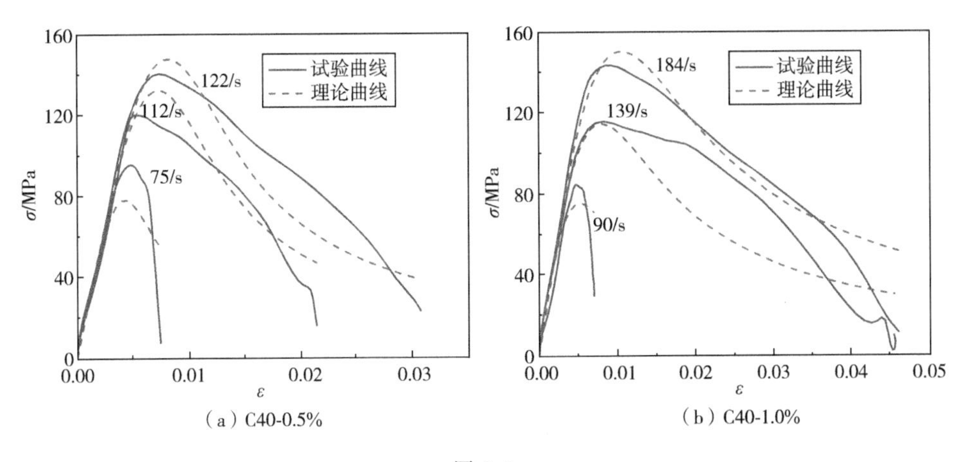

图 3.1

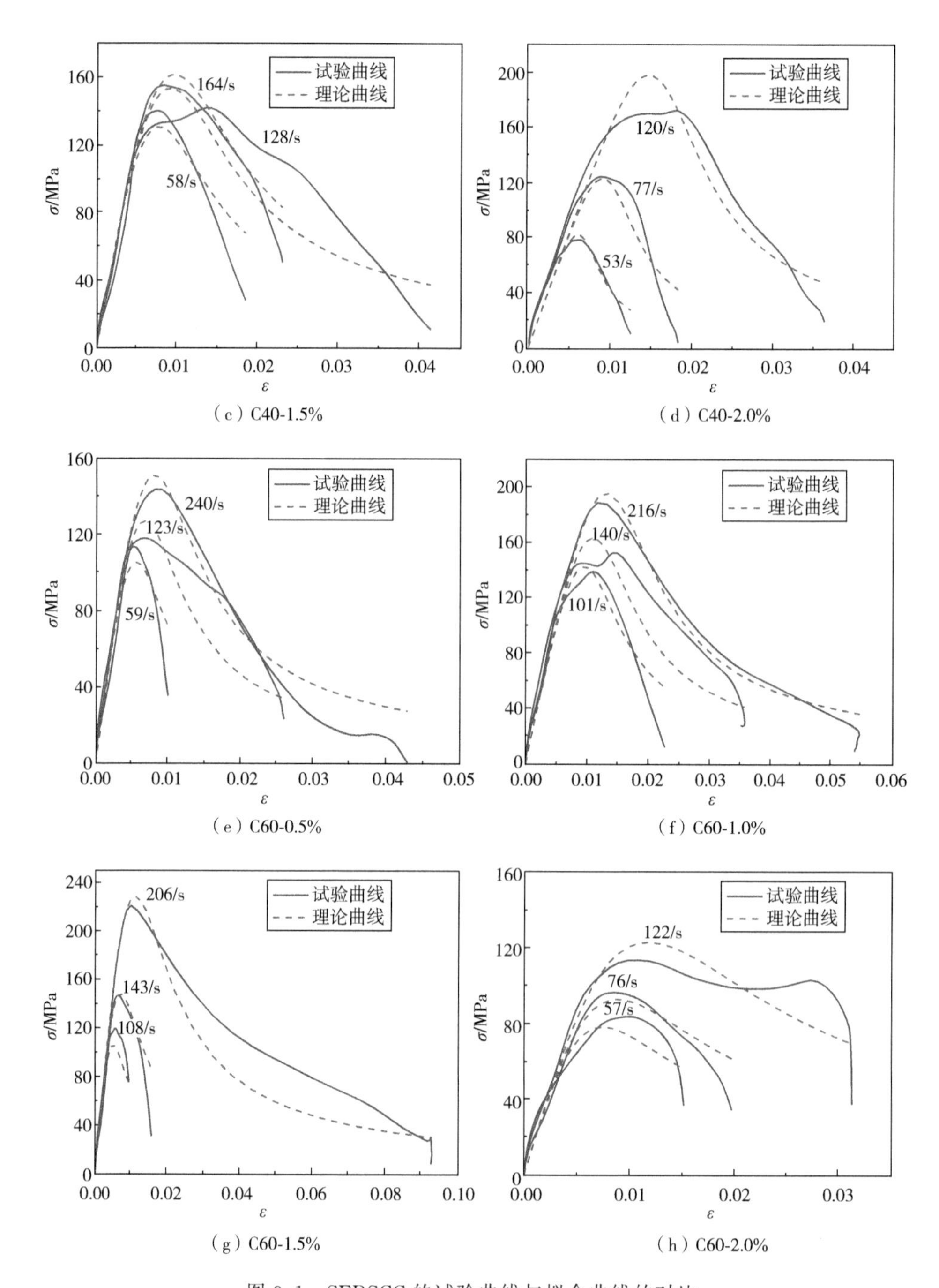

（c）C40-1.5%

（d）C40-2.0%

（e）C60-0.5%

（f）C60-1.0%

（g）C60-1.5%

（h）C60-2.0%

图 3.1　SFRSCC 的试验曲线与拟合曲线的对比

3.2.2　微裂纹拉伸损伤演化模型

当 SFRSCC 材料主要受某一方向拉应力的影响时，垂直于该方向的微裂纹将成为主要的扩展裂纹，其扩展和连接则是导致材料拉伸损伤和材料损伤发展的微观和宏观机制。这样，微裂纹扩散模式的损伤演化方程就可以用来描述材料的损伤。

考虑到宽度为 L、单位厚度的板沿长度方向受到均匀的拉应力，存在一系列长度为 l_i、垂直于拉应力方向的微裂纹。总裂纹长度 L_d 为：

$$L_d = \sum l_i \tag{3.14}$$

我们将拉伸型损伤量 D 定义为全部微裂纹的长度之和 L_d 与 L 之比，且损伤不可逆，即：

$$D = \frac{L_d}{L} = \frac{L - L_s}{L},\ \frac{\partial D}{\partial t} \geqslant 0 \tag{3.15}$$

其中，L_s 是在 L 长度内无损伤材料的总长度，$L_s = L - L_d$ 。于是有：

$$\dot{L}_d = \dot{D}L + D\dot{L} \tag{3.16}$$

假设：

(1) 裂纹扩展所需的表面能由裂纹周围介质中储存的应变能提供。

(2) 微裂纹长大的阈值条件服从 Griffith 阈值应力：

$$\sigma_c = \sqrt{\frac{2\eta E}{\pi(1 - \nu^2)l}} \tag{3.17}$$

其中，ν、E 和 η 分别为材料的泊松比、杨氏模量和单位面积表面能，l 为微裂纹长度。

(3) 提供微裂纹扩展所需表面能的区域，由裂纹扩展速度，即表面波波速 C_R 确定。

依据假设 (1)，我们设长为 $2l$ 的裂纹在长大过程中，因表面积增加所需的表面能由包含该微裂纹的微体积为 $V = 2l \times 2l \times 1$ 的介质区域所储存的应变能来提供。对很薄的板，由于宽度方向比厚度方向大很多，当 x 方向受拉伸冲击时可认为 $\varepsilon_y = 0$（纵向板波问题），故平面应力的本构关系：

$$\sigma_x = \frac{E}{1 - \nu^2}(\varepsilon_x + \nu\varepsilon_y);\quad \sigma_y = \frac{E}{1 - \nu^2}(\varepsilon_y + \nu\varepsilon_x) \tag{3.18}$$

即

$$\varepsilon=\frac{1-v^2}{E}\sigma \qquad (\sigma=\sigma_x, \varepsilon=\varepsilon_x) \tag{3.19}$$

故比应变能为：

$$w=\int\sigma \mathrm{d}\varepsilon=\int_{\sigma_c}^{\sigma}\frac{1-v^2}{E}\sigma \mathrm{d}\sigma=\frac{1-v^2}{2E}(\sigma^2-\sigma_c^2) \tag{3.20}$$

于是向长为 $2l$ 的微裂纹扩展提供所需表面能的微体积 $V=2l\times2l\times1$ 中的介质所储存的应变能为：

$$W=\frac{1-v^2}{2E}(\sigma^2-\sigma_c^2)\times2l\times2l\times1=\frac{2(1-v^2)}{E}(\sigma^2-\sigma_c^2)l^2 \tag{3.21}$$

裂纹扩展 $2\Delta l$ 后应变能改变为：

$$\Delta W=\frac{4(1-v^2)(\sigma^2-\sigma_c^2)}{E}l\Delta l=\frac{4(1-v^2)(\sigma^2-\sigma_c^2)}{E}lC_R\Delta t \tag{3.22}$$

其中 C_R 为瑞利表面波速［假设（3）］。裂纹扩展 $2l$ 后表面能增加为：

$$\Delta U=4\eta\Delta l \tag{3.23}$$

根据假设（1），有 $\Delta W=\Delta U$，得到：

$$\Delta l=\frac{(1-v^2)(\sigma^2-\sigma_c^2)}{\eta E}lC_R\Delta t$$

于是有：

$$\dot{l}=\frac{(1-v^2)(\sigma^2-\sigma_c^2)}{\eta E}C_Rl \tag{3.24}$$

$$\dot{L}_d=\sum\frac{(1-v^2)(\sigma^2-\sigma_c^2)}{\eta E}C_Rl_i=\frac{(1-v^2)(\sigma^2-\sigma_c^2)}{\eta E}C_R$$

$$\sum l_i=\frac{(1-v^2)(\sigma^2-\sigma_c^2)}{\eta E}C_RL_d$$

即：

$$\dot{L}_d=\frac{(1-v^2)(\sigma^2-\sigma_c^2)C_R}{\eta E}L_d \tag{3.25}$$

这就是裂纹长大的动力学方程。由式（3.25）和（3.16）可得

$$\dot{D}=\frac{1-v^2}{\eta E}(\sigma^2-\sigma_c^2)C_RD-\frac{D}{L}\dot{L}=\frac{1-v^2}{\eta E}(\sigma^2-\sigma_c^2)C_RD-D\left(\frac{\dot{v}}{v}-\dot{\varepsilon}_z\right) \tag{3.26}$$

其中，v 为比容。式（3.26）就是一般形式的拉伸型损伤演化方程。

如果假定裂纹扩展时 $\dot{L}_d\approx-\dot{L}_s$，即裂纹的扩展长度与实体材料的长度减

少值是相同的，则，$\dot{L}_d + \dot{L}_s = 0$，即 $\dot{L} = \dot{L}_d + \dot{L}_s = 0$，(3.26) 式可进一步简化为：

$$\dot{D} = \frac{(1 - v^2)(\sigma^2 - \sigma_c^2) C_R}{\eta E} D \tag{3.27}$$

我们建议在实践中采用损伤演化方程式 (3.27)，拉伸损伤发展需要满足应力阈值条件 $\sigma > \sigma_c$。例如，钢纤维含量为 0.5%的 C60 级 SFRSCC，准静态单轴拉伸强度为：$f_t = 2.80\text{MPa}$，故我们取 σ_c 为 $\sigma_c = f_t = 2.80\text{MPa}$，表面能 η 可由式 (3.17) (其中微裂纹长度 l 取 130μm) 求出，$\eta = 0.0512\text{J/m}^2$，试验测得 $v = 0.20$，故 $C_R = \frac{C_s}{\sqrt{\chi}} = \frac{\sqrt{G/\rho}}{\sqrt{1.1836}} = 0.92\sqrt{\frac{E}{2(1+v)\rho}} = 0.92\sqrt{\frac{30\text{GPa}}{2(1+0.2)\,2380\text{kg/m}^3}} = 2292\text{m/s}$。

其中，$\sqrt{\chi} = \sqrt{1.1836}$ 是 Rayleigh 系数，G 为剪切模量，E 为弹性模量，ρ 为混凝土材料密度，v 为泊松比。

3.2.3　等效微孔洞拉伸损伤演化模型

如果材料中有许多微裂纹，且其取向形状和尺寸是随机的，可以采用前面描述的等效微孔系统的描述方法：以每个微裂纹的最大尺度为直径的球形空腔被视为微裂纹的“等效微孔”，因此，我们将含有许多微裂纹的材料简化为含有许多“等效微孔”的材料，原材料中微裂纹的演化和发展可以用“等效微孔系统”的演化和发展来描述。

此时，我们可将宏观损伤 D 定义为含损伤材料中等效微孔洞的总体积 V_d 和材料总体积 V 之比：

$$D = \frac{V_d}{V} = \frac{V - V_s}{V},\ V_d = DV,\ \frac{\partial D}{\partial t} > 0 \tag{3.28}$$

$$\dot{V}_d = \dot{D}V + \dot{V}D,\ \dot{D} = \frac{V_d}{V} - D\frac{\dot{V}}{V} \tag{3.29}$$

其中 V_s 是材料实体体积，$V_d = V - V_s$。

在理想损伤系统近似下，材料中任一等效微孔洞体积 v_i 可取为以该裂纹最大长度为直径的微区域的体积，则材料中微孔洞总体积仍然采用统计学思想，可以表达为：

$$V_d = \sum v_i \tag{3.30}$$

由于孔的形核机理非常复杂，当承受较大载荷时，孔的生长效应将对损伤函数的演化起主要作用，因此在冲击载荷条件下，孔的形核效应对损伤演化的贡献可以忽略不计，从而可以暂时忽略孔的形核。只要知道微孔的长大方程，就可以得到微孔总体积的变化规律和损伤演化方程。

为了求单个微孔长大方程，我们仍采取封加波等人[132]所作的几个重要假设：

（1）微孔洞长大过程中因表面积增加所需之表面能，由孔洞周围介质所储存的应变能提供。

（2）对于准静态长大过程的能量转化分析可确定微孔洞长大的阈值条件。

（3）对于微孔洞以有限速度膨胀的过程，只能由孔洞附近有限区域的介质提供所需的表面能，这个区域的范围由扰动波速度即体波波速确定。

在这几个假设的基础上，我们考虑一个半径为 R 的球等效微孔洞的长大，等效微孔洞的体积和表面积分别为

$$v=\frac{4}{3}\pi R^3,\ s=4\pi R^2$$

微孔洞的长大过程中，从 t 时刻到 $t+\Delta t$ 时刻，孔洞半径从 R 变到 $R+\Delta R$，对应的体积和表面积变化为

$$\Delta v=4\pi R^2\Delta R,\ \Delta s=8\pi R\Delta R$$

由以上两式可得

$$\Delta s=2\Delta v/R$$

根据假设（1），有

$$\eta\Delta s=\delta E\Delta v$$

其中，η 为单位面积表面能，δE 为等效微孔洞从 R 膨胀到 $R+\Delta R$ 过程中，等效微孔洞附近区域单位体积材料释放的应变能。Δv 是 Δt 时间内可能为等效微孔洞长大提供表面能的那部分。由假设（3）有

$$\Delta v=4\pi R^2 C\Delta t$$

其中，C 为孔洞长大的体波波速。由以上几个方程可得微孔洞长大方程为

$$\dot{v}=4\pi R^2 C=3\times\frac{1}{R}\times\frac{4}{3}\pi R^3 C=\frac{3\Delta s}{2\Delta v}C\,v=\frac{3\delta E}{2\eta}C\,v \tag{3.31}$$

孔洞的长大应该满足阈值条件，即静水拉应力 $\sigma\geqslant p_{3t}$。我们假定 δE 是只与满足阈值应力后的体积变形能相联系的，即

$$\delta E = \int \sigma \mathrm{d}\theta = \int_{p_{3t}}^{\sigma} \frac{\sigma}{K} \mathrm{d}\theta = \frac{\sigma^3 - p_{3t}^2}{2K} \tag{3.32}$$

其中，$\sigma = -P$ 是静水拉力，θ 为体应变，p_{3t} 是等效微孔洞长大的阈值静水拉力，K 为体积模量。

将式（3.32）代入式（3.31）可得微孔洞相对长大速率

$$\frac{\dot{v}}{v} = \frac{3}{4} \times \frac{\sigma^3 - p_{3t}^2}{K\eta} C \tag{3.33}$$

如果每个微孔洞的相对长大速率都满足式（3.33），则利用合比定理即可得出其孔洞长大的动力学方程。由式（3.29）与式（3.33）得

$$\dot{V}_d = \frac{3}{4} \times \frac{\sigma^3 - p_{3t}^2}{K\eta} C V_d \tag{3.34}$$

将式（3.34）代入式（3.29）得：

$$\dot{D} = \frac{V_d}{V} - D\frac{\dot{V}}{V} = \frac{3}{4} \times \frac{\sigma^3 - p_{3t}^2}{K\eta} C \frac{V_d}{V} - D\frac{\dot{V}}{V} = \frac{3}{4} \times \frac{\sigma^3 - p_{3t}^2}{K\eta} CD - D\frac{\dot{v}}{v}$$

即

$$\dot{D} = \frac{3}{4} \times \frac{\sigma^3 - p_{3t}^2}{K\eta} CD - D\frac{\dot{v}}{v} = \frac{3}{4} \times \frac{\sigma^3 - p_{3t}^2}{K\eta} CD - D\,\mathrm{div}\boldsymbol{v} \tag{3.35}$$

其中，v、$\boldsymbol{v}$、$\mathrm{div}\boldsymbol{v}$ 分别为材料的比容、质点速度和速度散度（即相对体积膨胀率）。式（3.35）就是在等效微孔洞体系概念下所得到的拉伸型损伤演化方程。

当采用近似假定而假设实体材料不可压时，有 $\dot{V}_s = 0$，而 $V_d = DV$，可得：

$$0 = \dot{V}_s = \dot{V} - \dot{V}_d = \dot{V} - \frac{\mathrm{d}}{\mathrm{d}t}(DV) = \dot{V} - D\dot{V} - \dot{D}V$$

即

$$\dot{D} = (1-D)\frac{\dot{V}}{V},\ D\frac{\dot{V}}{V} = \frac{D\dot{D}}{1-D} \tag{3.36}$$

于是可将式（3.35）转化为如下的实体材料不可压假定下的拉伸型损伤演化方程：

$$\dot{D} = D(1-D)\frac{3}{4} \times \frac{\sigma^3 - p_{3t}^2}{K\eta} C \tag{3.37}$$

例如，钢纤维含量为0.5%的C60级SFRSCC，单位面积的表面能 η 我们

仍取前面的值：$\eta=0.0512\ \mathrm{J/m^2}$，损伤发展的静水阈值应力 $p_{3t}=\frac{f_t}{3}=0.93\mathrm{MPa}$，由杨氏模量 E 和泊松比ν的值可得体积模量$K=16.7\mathrm{GPa}$，体波波速 $C=2649\mathrm{m/s}$。

3.3 含损伤屈服准则

本节介绍混凝土含损伤屈服准则。屈服面方程的确定参考了有关文献中的试验结果。首先在 Drucker-Prager 模型（简称 P-D 模型）的基础上建立相应的屈服准则；由于折线型屈服面不够光滑存在尖角，在试验基础上也给出了两种光滑屈服面的屈服准则：幂次型屈服准则和指数型屈服准则。最后引入上一节内容得到最终的含损伤屈服准则。

3.3.1 Drucker-Prager 型的屈服准则

采用 Mohr-Coulomb 准则描述孔隙压实区混凝土材料的屈服，对于完全密实区则认为屈服面不变。则材料的屈服准则如图 3.2 所示。屈服面方程为：

$$\bar{\sigma}^*=\begin{cases}\bar{\sigma}_0^*\left(1+\dfrac{p^*}{p_{3t}^*}\right) & (p_{3t}^*\leqslant p^*<0)\\ \lambda p^*+\bar{\sigma}_0^* & (0\leqslant p^*<p_m^*)\\ \bar{\sigma}_m^* & (p^*\geqslant p_m^*)\end{cases}\tag{3.38}$$

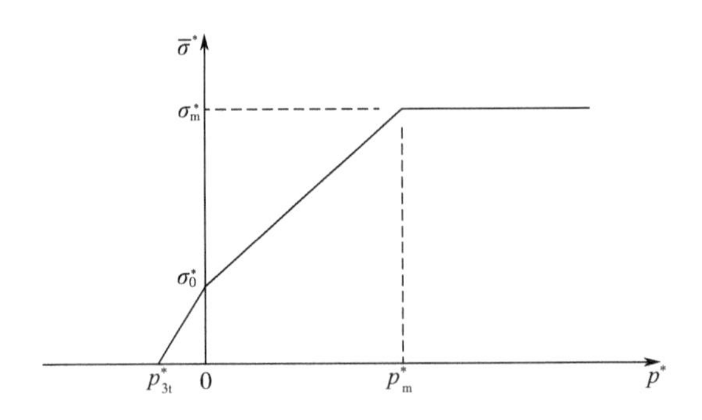

图 3.2 P-D 屈服准则

各量都以材料单轴压缩下的屈服强度 f_c 为归一化因子进行无量纲化，即

$$\bar{\sigma}^*=\frac{\bar{\sigma}}{f_c},\ p^*=\frac{p}{f_c},\ p_{3t}^*=\frac{p_{3t}}{f_c},\ \sigma_0^*=\frac{\sigma_0}{f_c},\ \sigma_m^*=\frac{\sigma_m}{f_c},\ p_m^*=\frac{p_m}{f_c}\quad(3.39)$$

其中，$\bar{\sigma}$ 为 Mises 等效应力，p 为静水压力，p_{3t} 为三向静水抗拉强度，σ_0 为零静压下材料屈服时的 Mises 等效应力，σ_m 、p_m 为混凝土完全密实时对应的 Mises 等效应力和静水压力。

图 3.3 给出了普通混凝土和钢纤维混凝土在围压条件下的试验结果[133-135]，从图中可以看出，钢纤维含量对归一化强度屈服面影响不大，可近似用统一的方程来表达。对试验数据进行线性拟合可得到屈服面方程中的参数：$\lambda=1.41$，$\bar{\sigma}_0^*=0.63$。混凝土单向拉伸时静水拉力为 $f_t/3$，近似取此值为材料的三向静水抗拉强度 p_{3t}，即 $p_{3t}\approx f_t/3$（用零静压屈服时的 Mises 等效应力点和单轴拉伸断裂点直线延长所得的 p_{3t} 值相差极小）。由表 2.13，C40 级 SFRSCC 的平均拉压强度比 $f_t/f_c=0.092$，由此可得到 $p_{3t}^*=0.031$。参考文献建议取 σ_m 为 7 倍的单轴抗压强度，即 $\sigma_m^*=7$。屈服准则的有关无量纲参数列于表 3.2 之中。

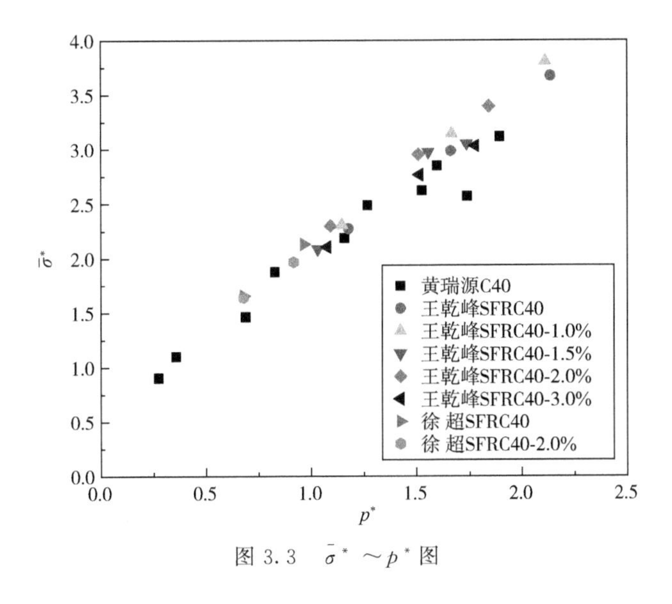

图 3.3　$\bar{\sigma}^*\sim p^*$ 图

表 3.2　屈服准则无量纲参数

p_{3t}^*	σ_0^*	λ	σ_m^*
0.031	0.63	1.41	7.0

试验结果和理论曲线如图 3.4 所示。

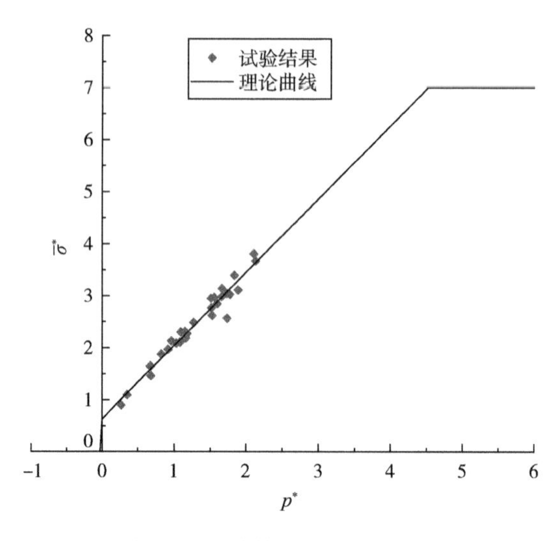

图 3.4　试验结果和理论曲线一

考虑到三线性屈服准则分段和不光滑性带来的计算不便，我们也以试验数据为基础提出了如下两种形式的光滑屈服准则。

3.3.2　幂次型屈服准则

假设混凝土的无量纲化的压力相关屈服准则有如下的幂次形式：

$$\bar{\sigma}^* = A(p^* + p_{3t}^*)^N \tag{3.40}$$

其中，A 和 N 是无量纲参数。由单轴压缩、围压和单轴拉伸试验获得的试验结果符合公式（3.40）的屈服准则，获得的材料参数值见表 3.3。试验结果与理论曲线的比较如图 3.5 所示。幂型屈服准则的缺陷是当压力较大时没有有限屈服应力渐近线。

表 3.3　屈服准则参数

p_{3t}^*	A	N
0.031	2.034	0.7277

3.3.3　指数型屈服准则

假设混凝土的压力相关屈服准则有如下形式：

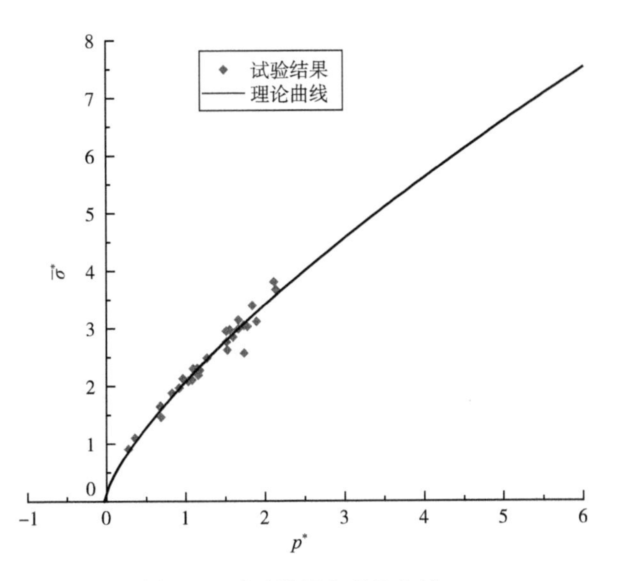

图 3.5　试验结果和理论曲线二

$$\bar{\sigma}^* = \sigma_m^* - Ae^{-B(p^* + p_{3t}^*)} \tag{3.41}$$

其中，A、B 为拟合参数，其他参数与上述相同。则通过对试验结果进行的最小二乘法拟合，可得拟合参数 $A=6.7153$、$B=0.3036$，拟合理论曲线和试验结果的比较见图 3.6。

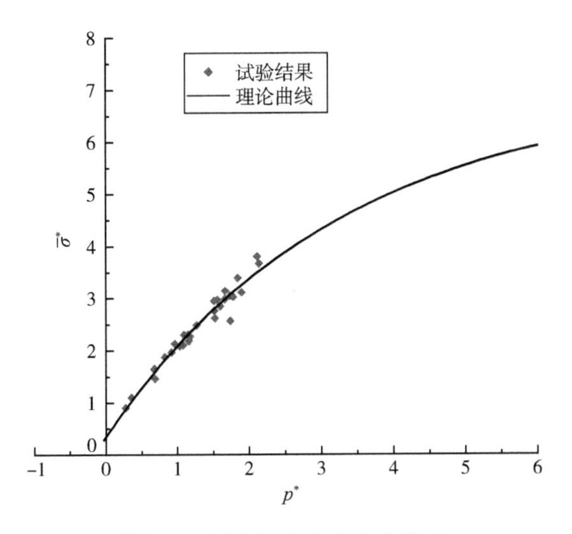

图 3.6　试验结果和理论曲线三

以上三种不同形式拟合屈服面以及试验结果的比较如图 3.7 所示。

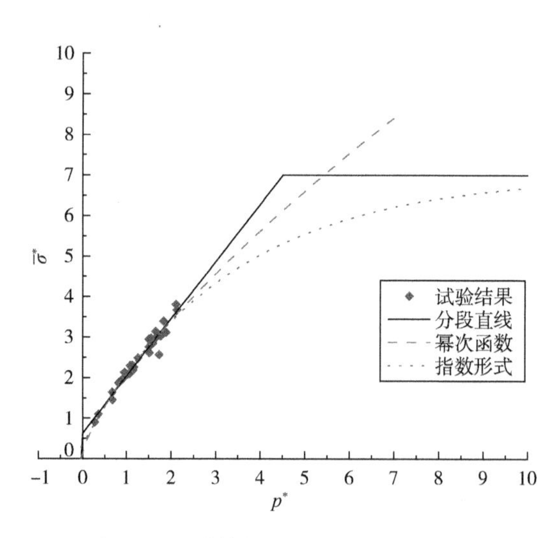

图 3.7 试验结果和不同理论曲线比较

上述屈服准则没有考虑材料屈服准则的应变率效应。为了协调材料在单轴压缩下的应变率效应和复杂应力状态下的应变率效应，我们可以利用单轴压缩状态，此状态下在$\bar{\sigma}^* \sim p^*$平面上是一条斜率为 3 的直线，该直线和图 3.2 中屈服面的交点即为单轴压缩屈服状态。由此，我们可以得到：

$$\sigma_1^* = \frac{3}{3-\lambda}\ ,\ \sigma_1 = f_c \sigma_1^* = \frac{3f_c}{3-\lambda} \tag{3.42}$$

材料的应变率相关屈服准则为

$$\bar{\sigma}^* = \Psi(p^*)(1 + B\ln(\frac{\bar{\dot{\varepsilon}}_1}{\bar{\dot{\varepsilon}}})) \tag{3.43}$$

$$\bar{\sigma} = f_c \Psi(\frac{p}{f_c})(1 + B\ln(\frac{\bar{\dot{\varepsilon}}_1}{\bar{\dot{\varepsilon}}})) \tag{3.44}$$

其中，$\Psi(p^*) = \Psi(\frac{p}{f_c})$ 可取式 (3.38)、式 (3.40)、式 (3.41) 中任意一个。故材料的应变率相关的含损伤屈服准则为

$$\bar{\sigma}^* = \Psi(p^*)(1 + B^*\ln(\frac{\bar{\dot{\varepsilon}}_1}{\bar{\dot{\varepsilon}}}))(1-D) \tag{3.45}$$

$$\bar{\sigma} = f_c \Psi(\frac{p}{f_c})(1 + B^*\ln(\frac{\bar{\dot{\varepsilon}}_1}{\bar{\dot{\varepsilon}}}))(1-D) \tag{3.46}$$

对应式（3.38）、式（3.40）、式（3.41）函数 $\Psi(p^*)$ 分别为

$$\bar{\sigma}^* = \Psi(p^*) = \begin{cases} \sigma_0^*\left(1 + \dfrac{p^*}{p_{3t}^*}\right) & (p_{3t}^* \leqslant p^* < 0) \\ \lambda p^* + \sigma_0^* & (0 \leqslant p^* < p_m^*) \\ \sigma_m^* & (p^* \geqslant p_m^*) \end{cases} \tag{3.47}$$

$$\bar{\sigma}^* = \Psi(p^*) = A\,(p^* + p_{3t}^*)^N \tag{3.48}$$

$$\bar{\sigma}^* = \Psi(p^*) = \sigma_m^* - Ae^{-B(p^* + p_{3t}^*)} \tag{3.49}$$

3.4 状态方程

HJC（Holmquist-Johnson-Cook）本构模型[136]是针对混凝土材料提出的一种率相关损伤型本构模型，用来计算混凝土高应变率下的大变形问题。HJC模型中采用如图3.8所示的分段状态方程表示混凝土静水压力和体积应变的关系。

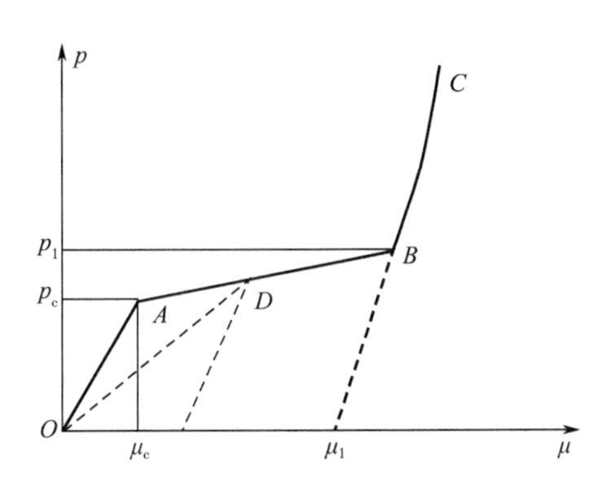

图3.8 HJC状态方程的形式

第一阶段（OA）是线弹性阶段，静水压力 p 和体积应变 $\mu = v_0/v - 1$（v_0 和 v 分别为初始和瞬时比容）满足线性关系 $p = K\mu$，其中，K 为材料的弹性体积压缩模量，图中弹性终止点（p_c，μ_c）可认为是混凝土材料内空洞开始有较明显发展的起始点；第二阶段（AB）是过渡阶段，表征混凝土材料内的空洞逐渐被压缩从而产生塑性变形，并近似假设 p-μ 曲线仍然具有线性关系，该阶段内任意点卸载的弹性体积模量由 A、B 两端的模量插值计算得到；当压力达到某一数值 p_1 时，混凝土内部空洞被完全压实而成为密实材料，在更高压力 $p > p_1$ 的第三阶段（BC），其状态方程常采用压缩模量逐渐增大的密实材料

的非线性型状态方程（如多项式形式或其他形式）。

为了便于应用，可以采用三折线模型，状态方程的形式如图 3.9 所示。其数学表达形式如下

$$p=\begin{cases} K\mu & p \leqslant p_c \\ p_c + K_c(\mu-\mu_c) & p_c < p \leqslant p_1 \\ p_1 + K_1(\mu-\mu_p) & p > p_1 \end{cases} \tag{3.50}$$

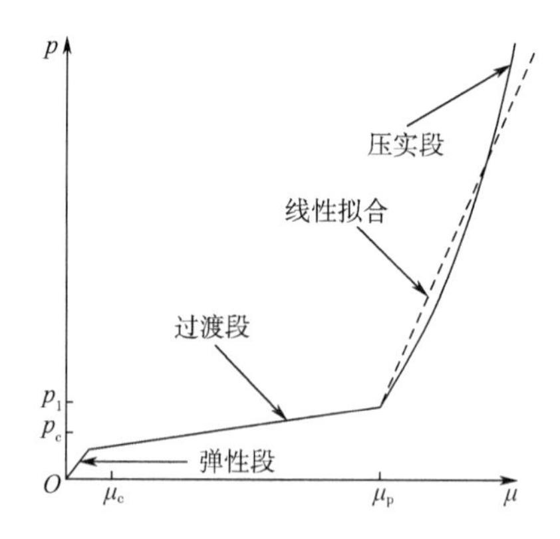

图 3.9　三折线状态方程的形式

在初步分析总结已经开展的混凝土试验数据的基础上，同时参考国内外文献[133,136]的一些研究成果和建议（特别是较高压力时的材料试验数据），初步确定了混凝土材料状态方程的形式和相关参数。

混凝土三折线型状态方程的参数汇总于表 3.4。

表 3.4　状态方程参数汇总

p_c	μ_c	K_c	p_1	μ_1	K_1
15.5MPa	0.0009	6.49	800MPa	0.12	85GPa

混凝土状态方程即静水压-体应变 p-μ 关系的曲线如图 3.10 所示，其相应的静水压-相对比容（p-v/v_0）关系曲线如图 3.11 所示。

上述的三阶段折线型状态方程对某些问题的分析可能有其简洁性，但是也有着明显的缺点：人为划分确定各阶段的分界点增加了材料参数的个数；折线型状态方程的形式限制了对试验结果的符合程度；折线型的不光滑状态方程形式对数值计算显然是不太方便的。故采用多项式型状态方程。多项式型状态方

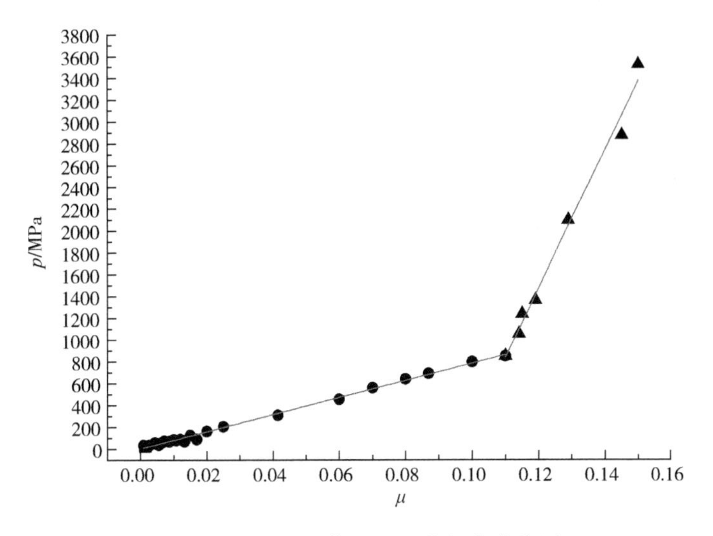

图 3.10　静水压-体应变变化拟合曲线图

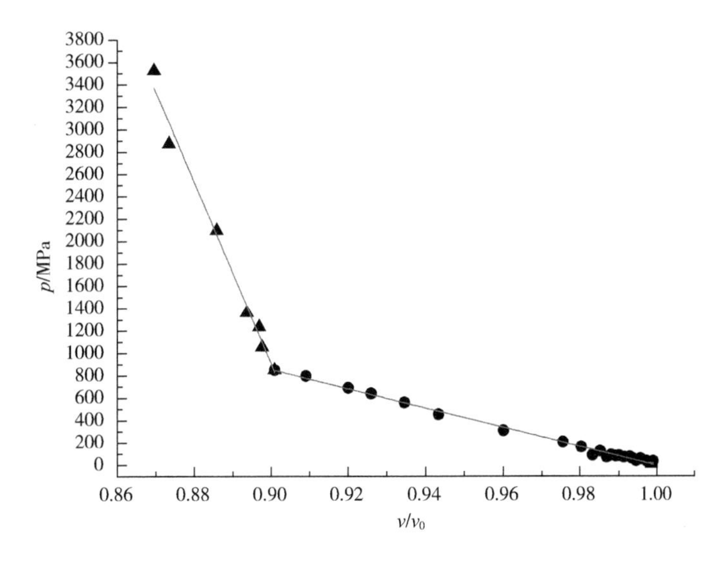

图 3.11　静水压-相对比容变化拟合曲线

程和三折线型状态方程相比，材料参数更少，可以更好地拟合实际试验结果，在数值计算软件中使用时也更加方便。

参考借鉴国内外已有研究成果，通过对试验数据的最小二乘拟合，我们得到了如下多项式型的混凝土状态方程：

$$p=k_1\mu+k_2\mu^2+k_3\mu^3+k_4\mu^4(\mu=\rho/\rho_0-1=v_0/v-1) \tag{3.51}$$

状态方程式（3.51）中的材料参数列于表3.5中。

表3.5　多项式型状态方程材料参数

k_1 /MPa	k_2 /MPa	k_3 /MPa	k_4 /MPa
6.21	−158.80	3557.4	21727

拟合的多项式型混凝土状态方程的曲线如图3.12（静水压 p-体应变 μ）和图3.13（静水压 p-比体积v/v_0）所示。

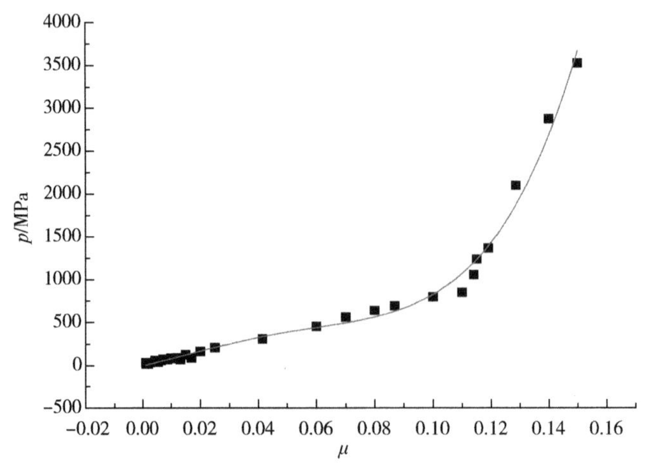

图3.12　多项式型状态方程的静水压-体应变曲线

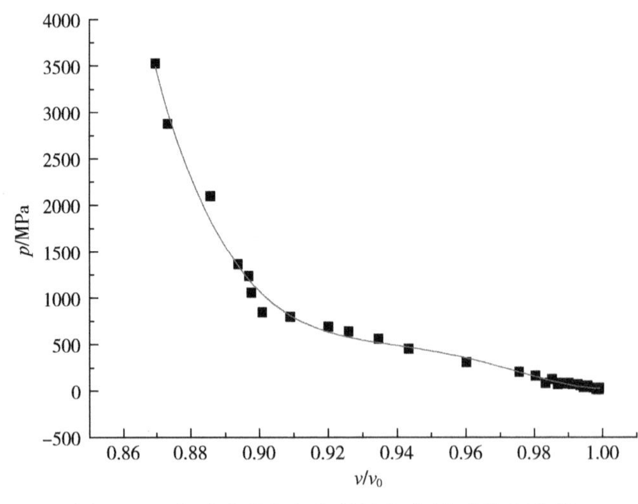

图3.13　多项式型状态方程的静水压-比体积曲线

3.5 本章小结

(1) 将“等效微孔系统”的概念与“成核生长模型”的思想相结合，提出了压剪耦合损伤演化模型。通过对 SFRSCC 的 SHPB 动态压缩试验应力-应变曲线的拟合，得到了压剪耦合损伤演化方程的参数。

(2) 在三个基本假定前提下，以微裂纹扩展和微孔洞长大引起材料损伤发展出发，分别推导得到了微裂纹拉伸损伤演化方程和等效微孔洞拉伸损伤演化方程。

(3) 建立了混凝土含损伤屈服准则和状态方程，基于现有试验数据的分析拟合，获取了相关模型参数。

第4章

SFRSCC爆炸作用下损伤及断裂行为

4.1 引言

炸药爆炸破坏力强，对建筑、生命、财产会带来较大威胁，为提高混凝土结构的防护能力，有必要对 SFRSCC 的抗爆性能进行研究。本章在已有研究基础上，制作了 ϕ400mm×60mm 的混凝土圆板，对两种强度等级，不同钢纤维含量的自密实混凝土试件进行了水浴爆炸加载试验，并采用 FEM-SPH 耦合算法进行了 SFRSCC 板抗爆试验数值模拟，分析了强度等级和钢纤维含量对混凝土抗爆能力的影响。

4.2 SFRSCC 板抗爆试验

4.2.1 试验方案

为开展 SFRSCC 抗爆性能研究，制作了 ϕ400mm×60mm 的混凝土圆板，SFRSCC 的配合比和钢纤维含量与前面相同，即强度等级为 C40 和 C60，钢纤维含量为 0.5%，1%，1.5%，2%，共 8 种试件。爆炸试验在中国科学技术大学爆炸力学实验室进行，对两种强度等级，不同钢纤维含量的自密实混凝土试件进行了水浴爆炸加载试验。试验布置方案如图 4.1 所示，PVC 管中装满水，炸药放置在水中，距试件表面 30mm。试件放置在圆盘法兰支座上。试验中使用的炸药是 RDX，采用柱形装药，药柱直径 16mm，高度 20mm。

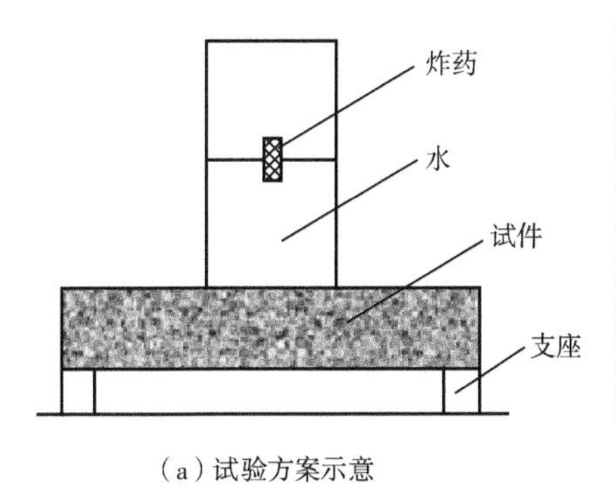

（a）试验方案示意

（b）试验方案实物

图 4.1　试验方案布置

4.2.2 试验结果

SFRSCC板抗爆实验结果如图4.2、表4.1所示。实验结果表明，SFRSCC板的破坏形态和破坏程度与其强度和钢纤维含量密切相关。归纳起来，共有四种破坏形态：(a) 正面完好，背面出现裂纹；(b) 正面完好，背面出现裂纹，中心有层裂剥落；(c) 正面和背面都出现裂纹，背面中心处有层裂剥落；(d) 正面中心有爆坑，并有较粗裂纹，背面有裂纹，中心处有层裂剥落，如图4.2所示。

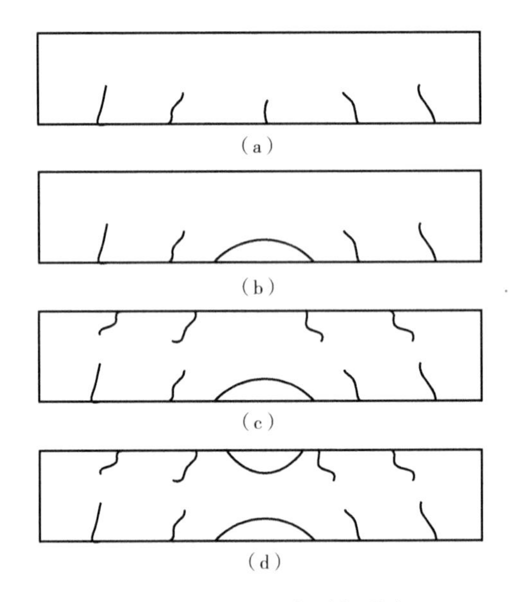

图4.2 SFRSCC板破坏形态

表4.1 SFRSCC板抗爆试验结果

材料	正面破坏情况	背面破坏情况	破坏特征
C40-0.5%	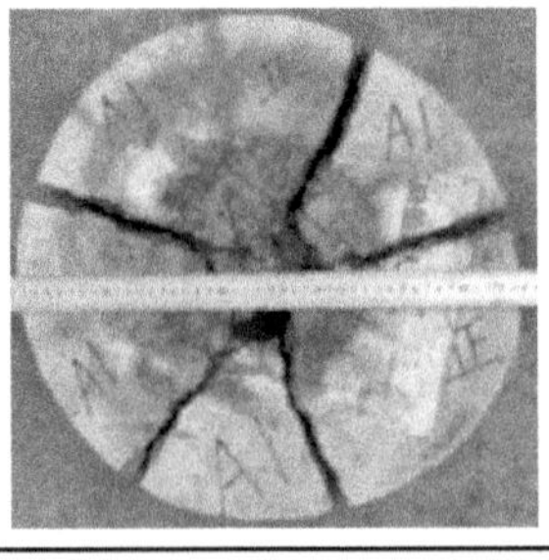	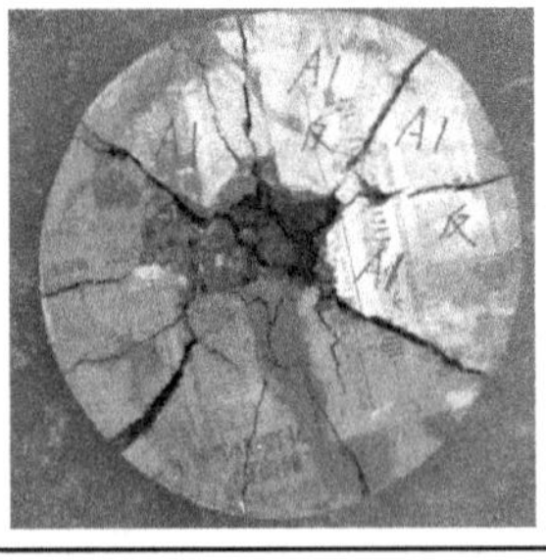	正面中心有较小的爆坑，有5条从中心延伸到四周的放射状裂纹；背面中心部分混凝土剥落，共11条径向裂纹

续表

材料	正面破坏情况	背面破坏情况	破坏特征
C40-1.0%	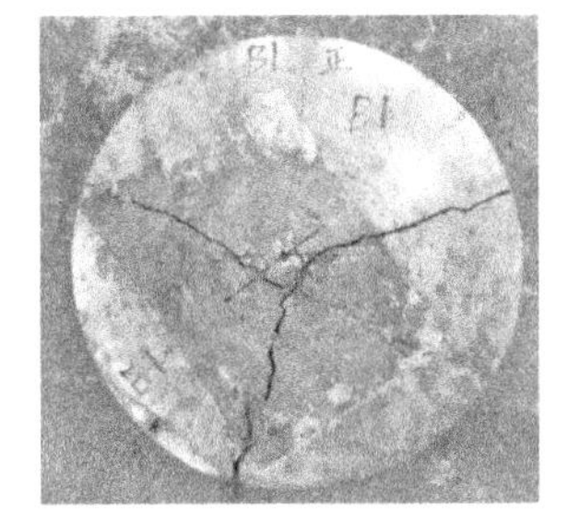	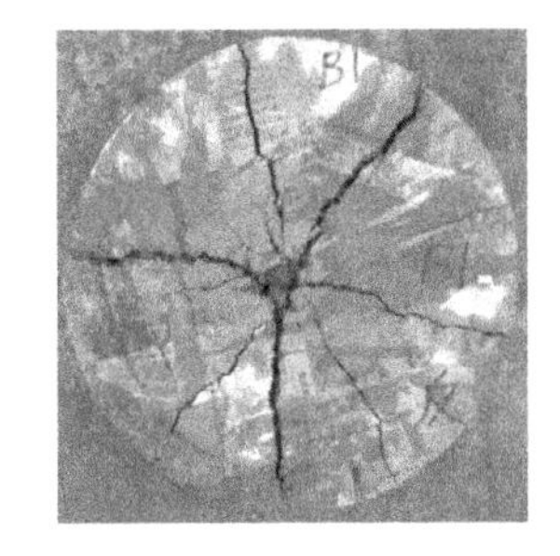	正面无爆坑，有4条放射状裂纹；背面中心有小块混凝土剥落，范围较小，共9条径向裂纹
C40-1.5%			正面未见明显损伤；背面中心有小块混凝土剥落，5条径向裂纹
C40-2.0%		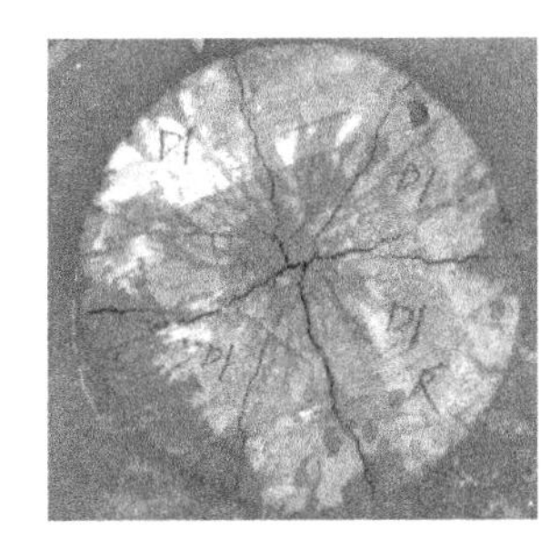	正面完好；背面有9条放射状裂纹，宽度较细
C60-0.5%	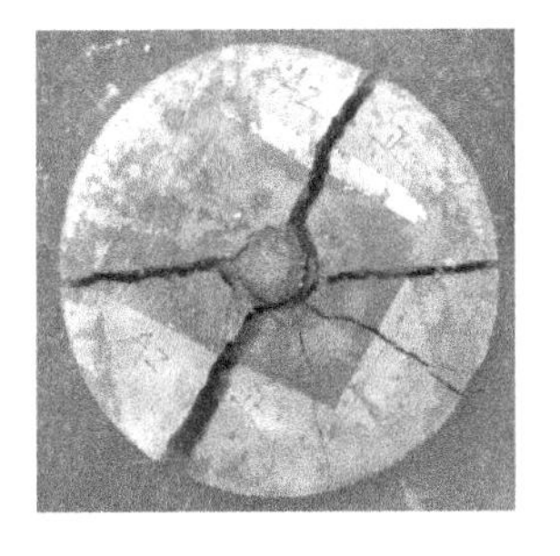	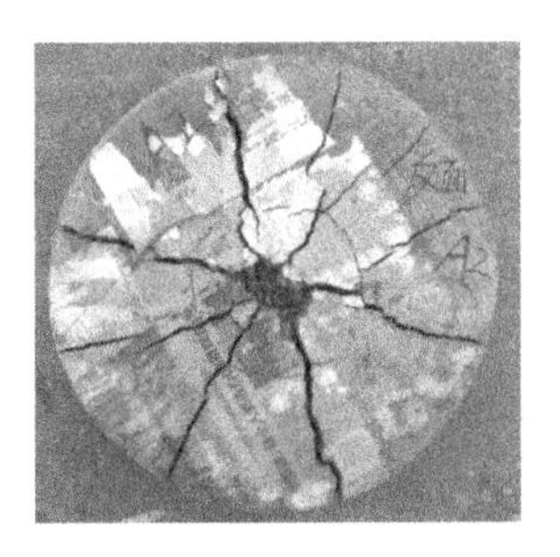	正面中心破坏，混凝土未剥落，有6条放射状裂纹；背面中心有小块混凝土剥落，9条裂纹

续表

材料	正面破坏情况	背面破坏情况	破坏特征
C60-1.0%		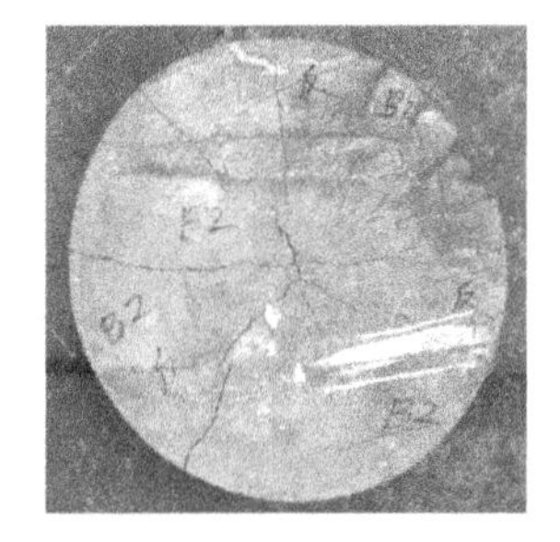	正面完好；背面有6条主裂纹，局部还有一些细裂纹
C60-1.5%		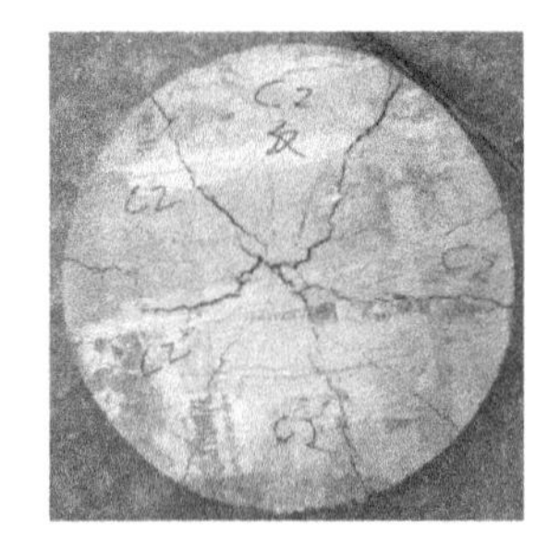	正面完好；背面有7条主裂纹，局部还有一些细裂纹
C60-2.0%	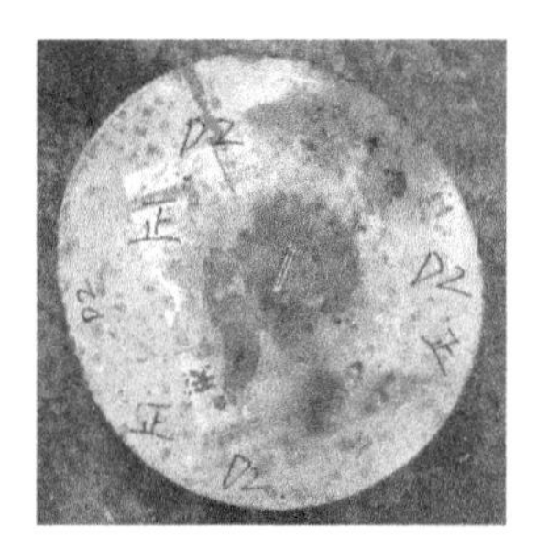		正面完好；背面有6条主裂纹，局部还有一些细裂纹

由试验结果可以看出，钢纤维含量对SFRSCC板抗爆能力影响较大。在爆炸水压加载和周围支座约束作用下，SFRSCC板发生弯曲变形，如图4.3所示，其正面受压而背面受拉。当钢纤维含量较低时，SFRSCC板中的钢纤维无法完全抵抗拉应力，背面由于拉应力作用而出现裂纹，裂纹从板中心向四周呈放射状分布，并随着板的变形不断向上发展，最终贯穿整个靶板。此外，钢纤维含量较低的靶板在背面中心还会产生局部剥落。随着钢纤维含量的提高，SFRSCC板抗冲击韧性和延性提高，掺钢纤维的板抗拉强度明显提高，阻止了

背面裂纹的产生和发展，板的整体变形也较小。当钢纤维含量超过 1.5%时，SFRSCC 板正面几乎没有出现损伤和裂纹。

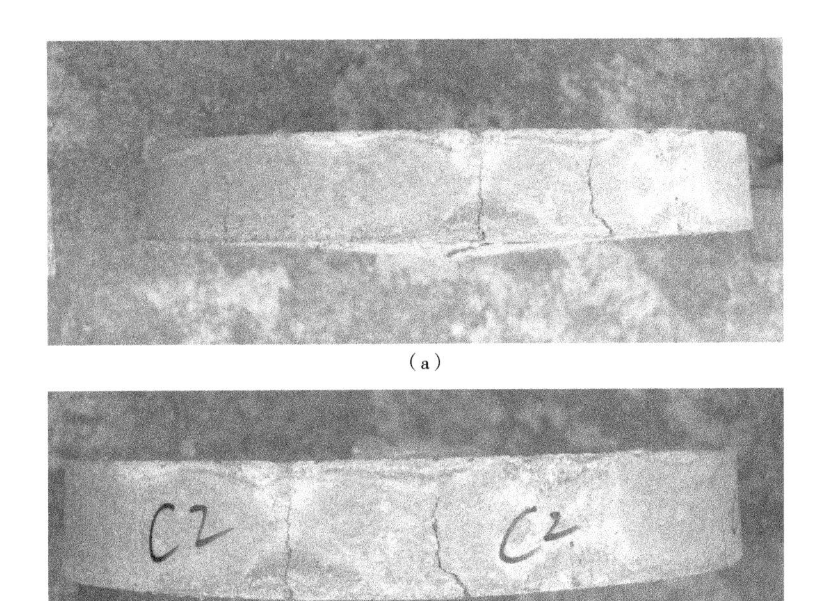

(a)

(b)

图 4.3　SFRSCC 板（C60-1.5%）受爆炸水压加载作用后的变形情况

混凝土的强度等级对 SFRSCC 板抗爆能力影响较小，在钢纤维含量相同时，C40 级和 C60 级的 SFRSCC 板破坏形态相似，相比而言，C60 级 SFRSCC 板抗爆能力要略好于 C40 级，这是由于 C60 级 SFRSCC 抗拉强度要高于 C40 级。

图 4.4 给出了 SFRSCC 板在炸药接触爆炸作用下的破坏形态。试验时，炸药布置在圆板中心，并与板直接接触。可以看出，加载方式对 SFRSCC 板的破坏形态也有较大影响。在接触爆炸作用下，爆炸压力直接传递到板上，板中心局部发生严重破坏，正面有爆坑，背面出现较大范围的层裂剥落，板中心被整体贯穿，混凝土碎片完全脱离靶板。裂纹从板中心向四周扩展，将板分割为多个碎块。而在爆炸水压加载时，爆炸压力通过水传播到板上，板受力更均匀，靶板局部未发生贯穿，正面的爆坑和背面的层裂剥落区域也较小。

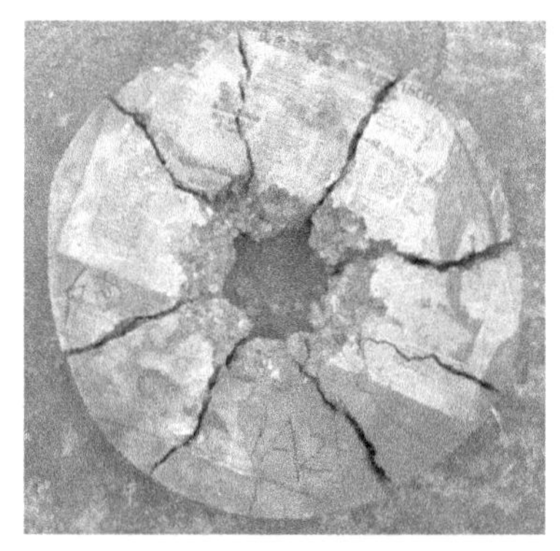

图 4.4　SFRSCC 板（C60-0.5%）在炸药接触爆炸作用下的破坏形态

4.3　SFRSCC 板抗爆试验数值模拟

虽然试验方法能直观显示 SFRSCC 板在爆炸荷载加载下的破坏形态和相关数据，但爆炸试验需要特殊的设备，成本较高，而且还具有一定的危险性。随着计算机和数值技术的发展，数值模拟已成为研究各种材料在爆炸荷载加载下响应的重要方法。对于混凝土板抗爆的模拟，通常使用的方法有流固耦合方法、光滑粒子法（SPH）以及有限元和光滑粒子耦合方法（FEM-SPH）等。

在流固耦合方法中，空气和炸药采用 Euler 算法，Lagrange 算法用于混凝土板中，Euler 网格通过施加压力边界到 Lagrange 单元上，而 Lagrange 单元则将速度边界条件反馈于 Euler 网格，从而实现两种算法的耦合计算。由于 Euler 算法需要在整个爆炸流场覆盖空气网格，因此建模时计算域远大于实际模型，特别是三维问题。另外 Euler 网格固定在空间，当流场内存在多种材料时，无法清晰地追踪物质界面。Lagrange 单元在大变形时会出现网格畸变问题，为了能使计算进行，通常采取删除单元的做法，这对计算精度会有一定影响。光滑粒子法是一种无网格方法，它将材料离散为带有质量的质点，可以比较自然地模拟大变形问题，并能方便地追踪物质界面，但计算效率不高。FEM-SPH 耦合算法仅在大变形区域使用光滑粒子离散，其他区域则使用有限元离散，这样可以同时发挥有限元法计算效率高和光滑粒子法便于处理大变形的优势，因此在爆炸、冲击等涉及材料大变形问题中受到广泛应用。

图 4.5 为 FEM-SPH 耦合算法示意。对于同种材料，采用粒子与有限元固

连算法，如图 4.5（a）所示，交界面处的光滑粒子与有限元节点相连。若粒子和有限元代表不同的材料，则采用接触算法，将与光滑粒子接触的有限元边界设为滑移面，粒子可以在界面滑移但不能穿透界面。

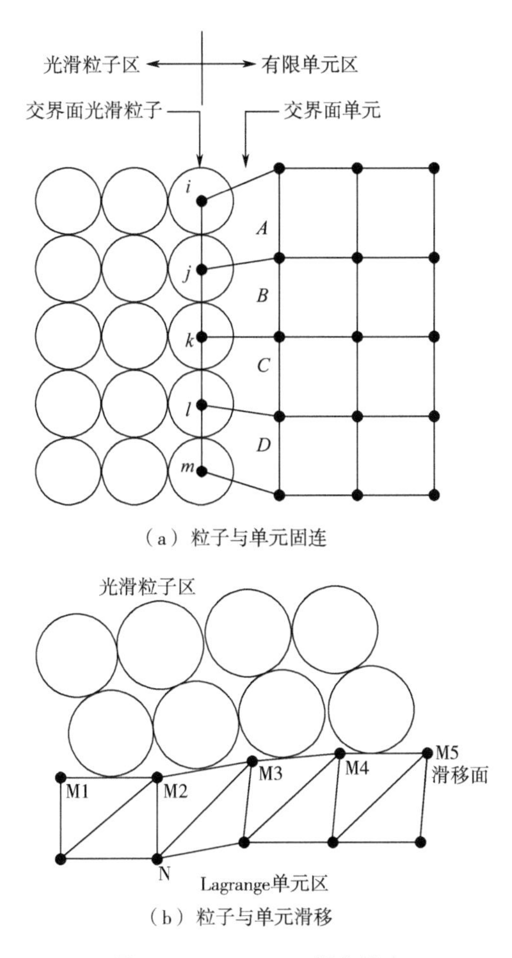

（a）粒子与单元固连

（b）粒子与单元滑移

图 4.5　FEM-SPH 耦合算法

4.3.1　混凝土材料模型

SFRSCC 动态本构模型采用 AUTODYN 软件自有的 RHT 模型。该模型由 HJC 模型发展而来，可较好地描述混凝土、岩石等脆性材料在高应变率下的动态响应。RHT 本构模型中导入残余强度面、弹性极限面和失效面，分别用来描述混凝土残余强度的变化规律、初始屈服强度和失效强度，如图 4.6 所示。

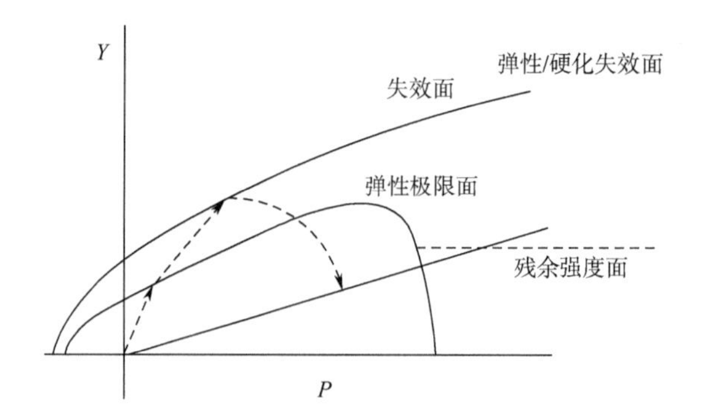

图 4.6　RHT 模型导入弹性极限面、失效面和残余强度面

RHT 失效面定义为压力 p，罗德角 θ 和应变率 $\dot{\varepsilon}$ 的函数

$$Y_{fail}(p^*, \theta, \dot{\varepsilon}) = Y_c(p^*)R_3(\theta)F_{rate}(\dot{\varepsilon}) \tag{4.1}$$

其中

$$Y_c(p^*) = f_c[A(p^* - p^*_{spall}F_{rate}(\dot{\varepsilon}))^N] \tag{4.2}$$

式中，f_c 为混凝土单轴压缩强度，A 和 N 是材料常数，$p^* = p/f_c$ 为归一化压力，$p^*_{spall} = f_t/f_c$，f_t 为单轴抗拉强度。$R_3(\theta)$ 为罗德角因子，可以描述不同应力状态下失效面压缩子午线强度的折减。$F_{rate}(\dot{\varepsilon})$ 为动态应变率增强因子，考虑了应变率对混凝土强度的影响。由于混凝土在拉伸和压缩状态对应变率的敏感程度不同，因此 $F_{rate}(\dot{\varepsilon})$ 也有不同的表达形式

$$F_{rate}(\dot{\varepsilon}) = \begin{cases} (\dot{\varepsilon}/\dot{\varepsilon}_0)^{\alpha}, & for\ p > f_c/3,\ \dot{\varepsilon}_0 = 30 \times 10^{-6}\,\mathrm{s}^{-1} \\ (\dot{\varepsilon}/\dot{\varepsilon}_0)^{\delta}, & for\ p < -f_t/3,\ \dot{\varepsilon}_0 = 3 \times 10^{-6}\,\mathrm{s}^{-1} \end{cases} \tag{4.3}$$

当 $-f_t/3 \leqslant p \leqslant f_c/3$ 时，采用线性插值。

4.3.2　炸药材料模型

炸药爆轰产物运用 JWL 状态方程来描述：

$$p = C_1\left(1 - \frac{\omega}{R_1 v}\right)e^{-R_1 v} + C_2\left(1 - \frac{\omega}{R_2 v}\right)e^{-R_2 v} + \frac{\omega E}{v} \tag{4.4}$$

其中，v为相对比容，E 为单位体积的内能，C_1，C_2，R_1，R_2，ω 为材料常数。对应 RDX 炸药，C_1，C_2，R_1，R_2，ω 的值分别为 640GPa，176GPa，4.5，1.35，0.3。

4.3.3　水和空气模型

多项式状态方程来表述水，对于拉伸和压缩采用不同的状态方程：

$$p=\begin{cases}A_1\mu+A_2\mu^2+A_3\mu^3+(B_0+B_1\mu)\rho_0 e & \mu\geqslant 0\\ T_1\mu+T_2\mu^2+B_0\rho_0 e & \mu<0\end{cases} \tag{4.5}$$

其中，$\mu=\rho/\rho_0-1$，ρ_0 为初始密度，A_1，A_2，A_3，B_0，B_1，T_1，T_2为常数，e 为比内能。各参数取值选用 AUTODYN 材料数据库中的默认值，初始密度 ρ_0 为 1000kg/m^3。A_1，A_2，A_3，B_0，B_1，T_1，T_2 对应的值分别为 2.2GPa，9.54GPa，14.57GPa，0.28，0.28，2.2GPa，0。

空气采用理想气体状态方程：

$$p=(\gamma-1)\rho e \tag{4.6}$$

其中，γ 取 1.4，空气初始密度 ρ 为 1.225kg/m^3，初始比内能 e 为 2.068×10^5kJ/kg。

4.3.4　FEM-SPH 耦合算法计算模型

按照试验工况建立计算模型，如图 4.7 所示。炸药和水采用 SPH 粒子建模，混凝土和支座采用实体有限元建模，PVC 管采用壳单元建模。水和混凝土的相互作用通过接触算法实现。考虑到结构的对称性，建立四分之一建模，整个模型共布置 SPH 粒子 15048 个，实体单元 56400 个，壳单元 1250 个。

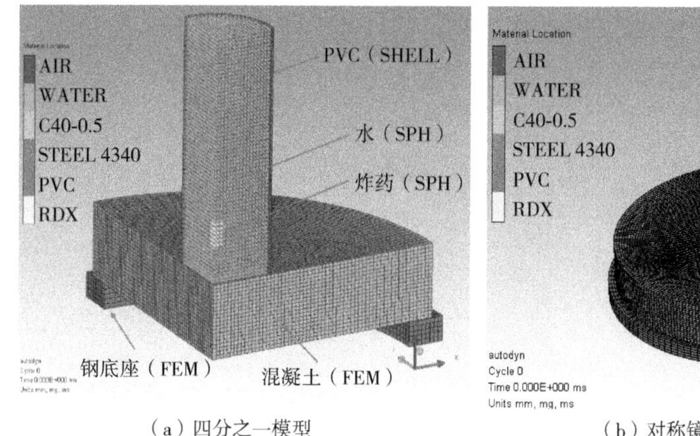

（a）四分之一模型　　（b）对称镜像后的完整模型

图 4.7　水浴爆炸加载数值模型示意

以 C40-0.5%的 SFRSCC 为例进行计算。材料参数如下：密度 $\rho = 2.22\mathrm{g/cm^3}$，剪切模量 $G = 16.7\mathrm{GPa}$，单轴压缩强度 $f_c = 49.8\mathrm{MPa}$，拉压强度比 $f_t/f_c = 0.076$，压缩状态应变率参数 $\alpha = 0.057$（通过 SHPB 试验数据拟合得到），其他参数由于缺少试验数据，采用 AUTODYN 自带数据库中默认值。

4.3.5 计算结果

图 4.8 给出了炸药爆炸过程中不同时刻靶板的变形，可以看出，在炸药爆轰压力的作用下，PVC 管中的水向四周膨胀，产生较大的变形和流动，使管壁破裂，混凝土板虽然受到水压作用，但变形相对较小（见图 4.9）。因此采用 FEM-SPH 耦合算法来模拟该过程是合适的。

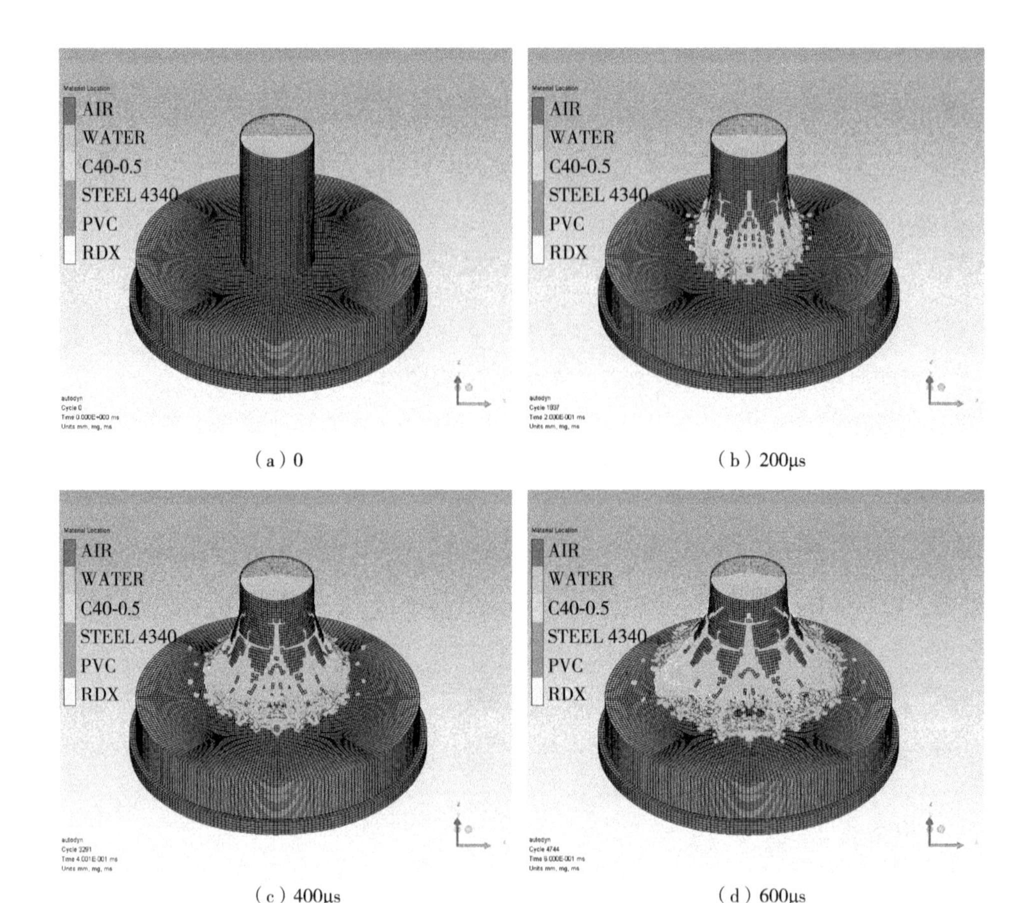

（a）0　　（b）200μs

（c）400μs　　（d）600μs

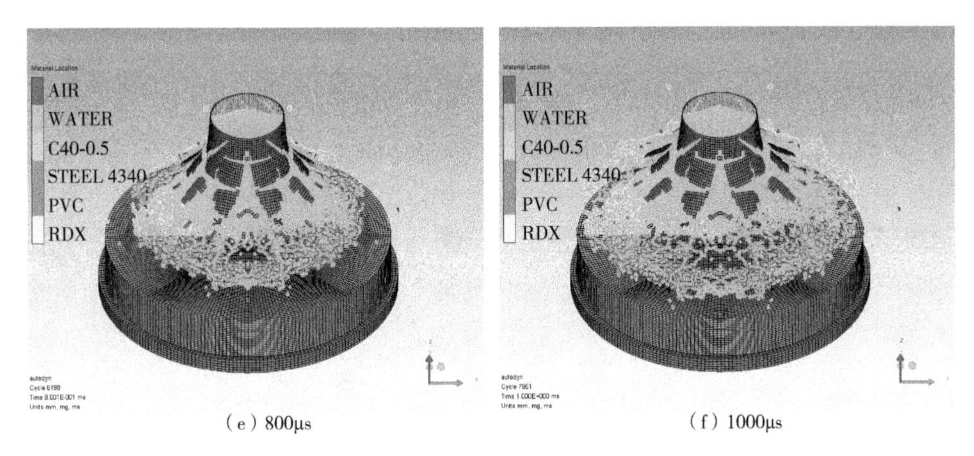

（e）800μs　　（f）1000μs

图 4.8　不同时刻靶板的变形

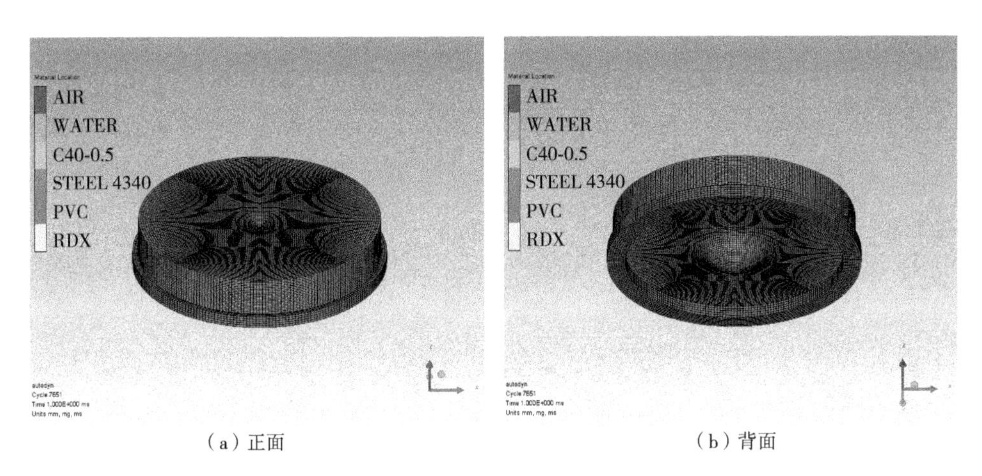

（a）正面　　（b）背面

图 4.9　1000μs 时靶板的变形

图 4.10 给出了炸药起爆后不同时刻水中和混凝土靶板中的压力云图。炸药起爆后，体积快速膨胀，由于受到周围水介质的约束，在水中产生较大的冲击压力，并快速向外传播。可以看到，在 20μs 时，水中的压力已传播到混凝土靶板中心局部区域，而后向靶板的四周传播，压力峰值不断减弱。

图 4.11 显示了不同时刻混凝土靶板中的损伤云图。在受到爆炸水压加载作用下，混凝土靶板正面中心首先出现压缩损伤，当压缩波到达靶板背面时反射为拉伸波而使混凝土靶板背面中心出现了较大的损伤破坏区域。

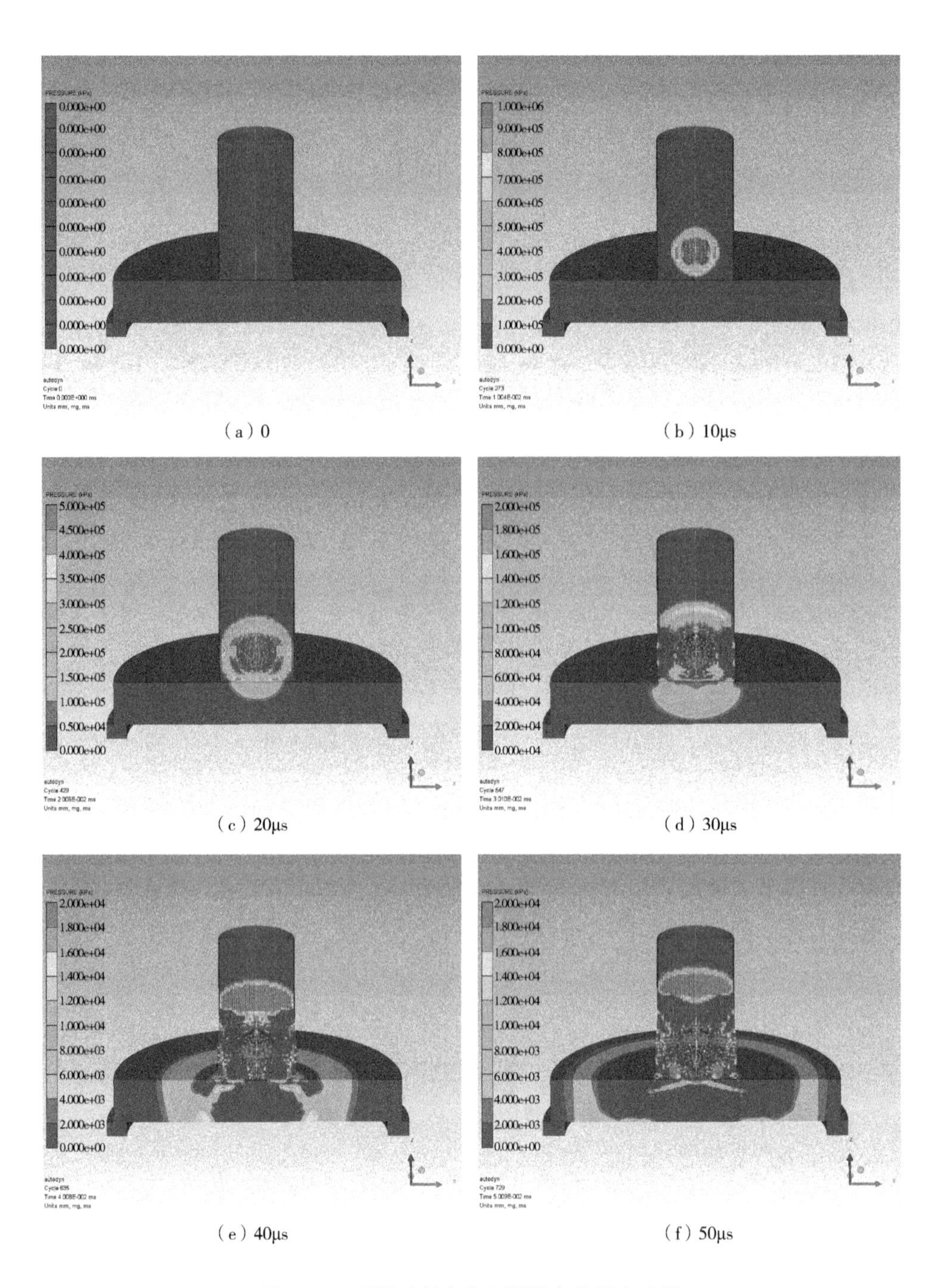

（a）0　（b）10μs

（c）20μs　（d）30μs

（e）40μs　（f）50μs

图 4.10　不同时刻水中和靶板中的压力云图

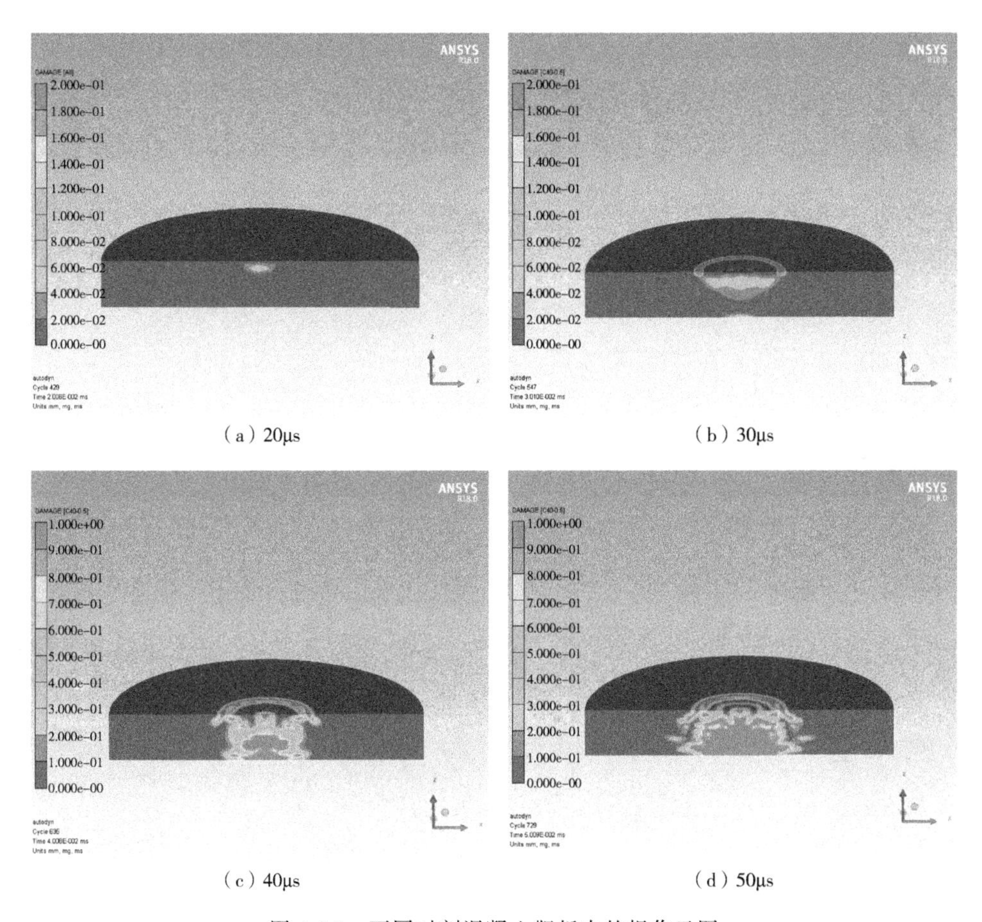

（a）20μs　　（b）30μs

（c）40μs　　（d）50μs

图 4.11　不同时刻混凝土靶板中的损伤云图

图 4.12 给出了 SFRSCC 靶板正面和背面损伤破坏的试验和计算结果对比。由于 SFRSCC 抗拉强度相对较低，受水浴爆炸加载后，靶板正面有爆坑，背面产生局部剥落。从图中可以看出，计算结果较好地预测了混凝土的破坏形态，说明计算所用模型和参数是基本合理的。

与空气相比，水具有可压缩性小、密度大和声速大等特殊性质，因此，炸药在水中爆炸时，应力波传播与空气中爆炸的基本规律不同。为了考察炸药在水中不同位置爆炸对混凝土靶板的影响，我们分别计算了炸药底部距混凝土表面距离 $h=0\text{mm}$、$h=30\text{mm}$ 和 $h=60\text{mm}$ 三种情况下，混凝土靶板中应力波的传播和损伤破坏情况。图 4.13 给了三种情况下，混凝土靶板中不同测点的压力时程曲线。测点的位置如 4.13（a）所示，在靶板中心沿板厚方向等间距

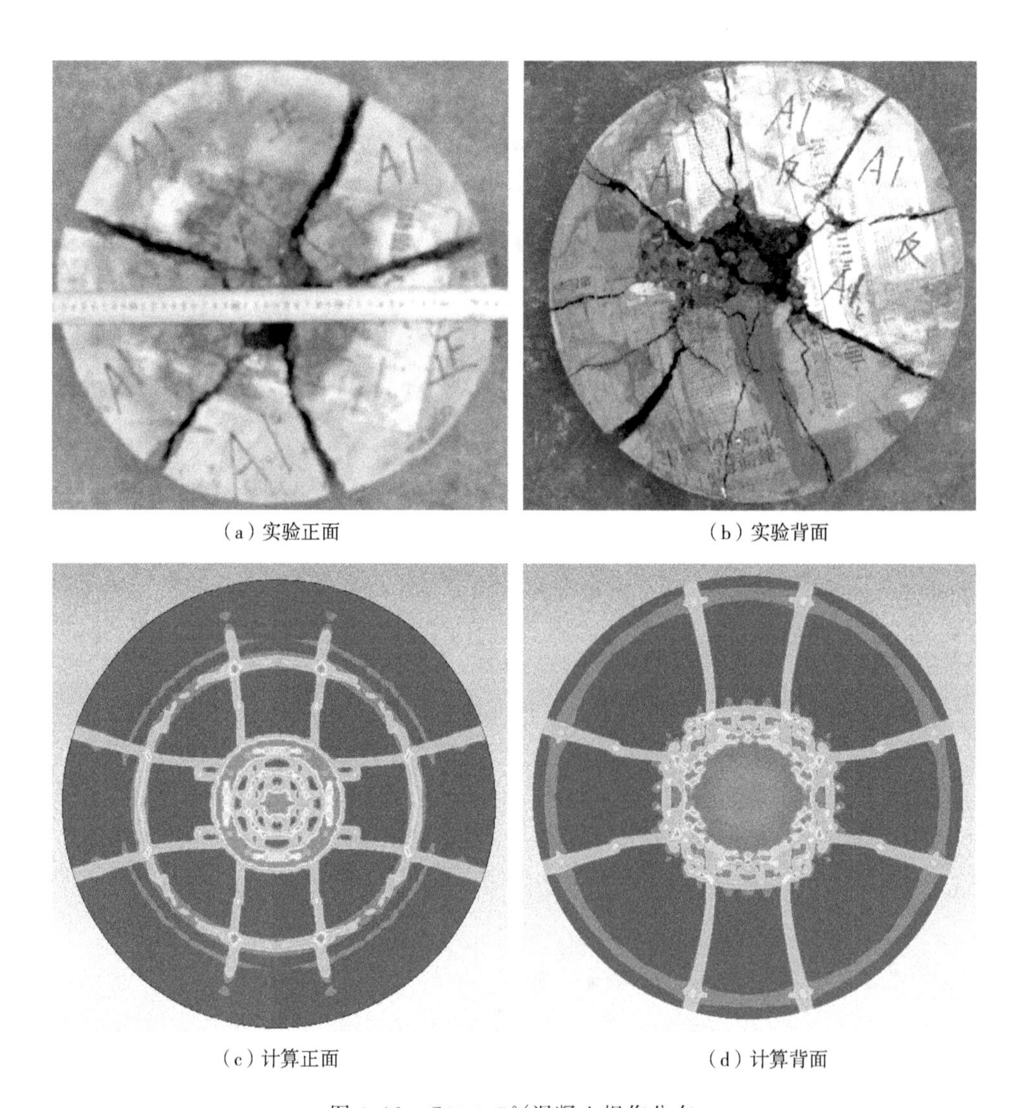

(a) 实验正面　(b) 实验背面

(c) 计算正面　(d) 计算背面

图 4.12　C40-0.5%混凝土损伤分布

布置 5 个测点。从图中可见，当炸药直接放置在混凝土表面（$h=0\text{mm}$）时，爆炸压力直接作用到混凝土，混凝土表面受到较强的冲击波作用，峰值压力接近 7GPa，但作用时间较短，约 5μs，在该压力作用下，混凝土靶板局部被压碎，破碎区混凝土消耗了冲击波的大部分能量，应力波峰值沿板厚方向迅速衰减。当炸药离靶板高度 $h=30\text{mm}$ 时，爆炸压力通过周围的水传播到混凝土靶板上，靶板表面峰值压力约 420MPa，与 $h=0\text{mm}$ 时相比大大减小，但作用时间较长，约30μs，应力波沿靶板厚的衰减也较慢。当炸药离靶板高度$h=60mm$时，此时炸药离靶板较远，传到靶板表面峰值压力只有150MPa，但作用时间也更长，约42μs，混凝土靶板正面损伤较小，应力波沿板厚的衰减速度相对更慢一些。

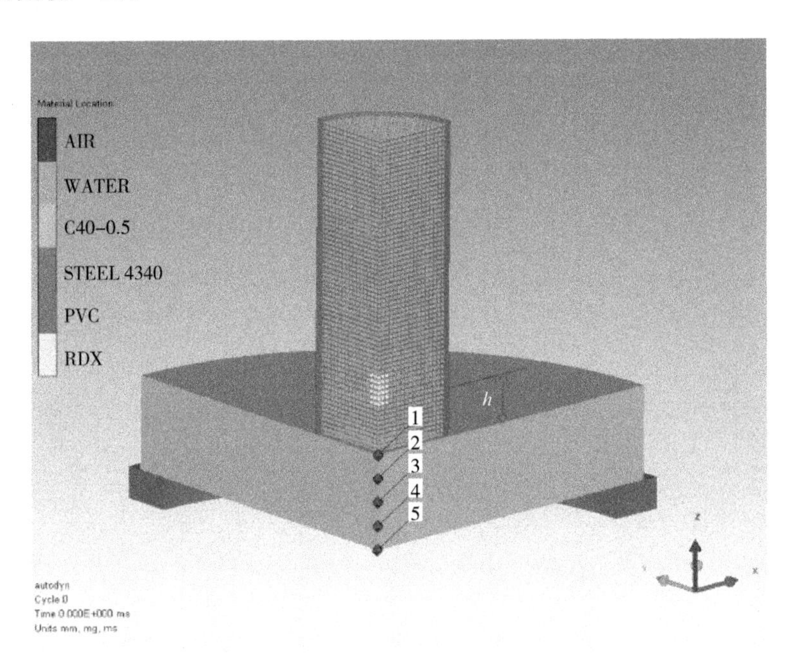

（a）测点位置

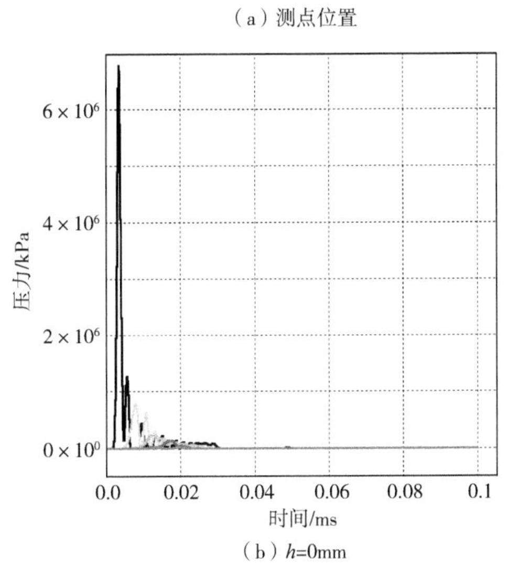

（b）h=0mm

图4.13

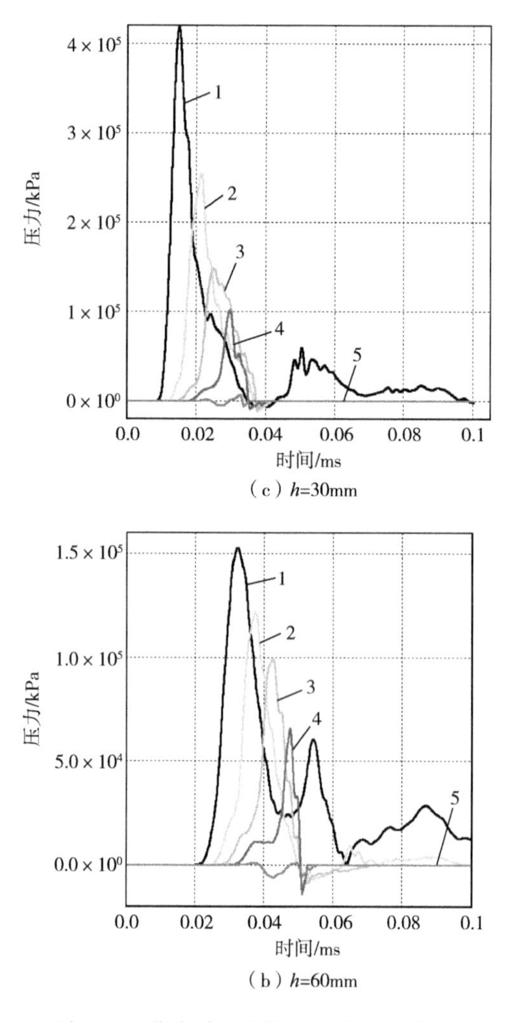

（c）h=30mm

（b）h=60mm

图 4.13 靶板中不同测点压力时程曲线

图 4.14 给出了炸药不同高度爆炸时靶板正面和背面损伤分布。可以看到，炸药离靶板表面越远，混凝土靶的损伤越小。如前所述，当 $h=60\mathrm{mm}$ 时，虽然炸药离靶板较远，但由于周围水的作用，仍有不少爆炸产生的能量通过水传到靶板，因压力较小，靶板正面只有轻微损伤，但背面由于受拉仍出现较大范围的损伤区，此时混凝土的抗拉强度是影响靶板破坏形态的重要因素。由于靶板整体变形较小，正面和背面都没有出现径向裂纹。当 $h=0\mathrm{mm}$ 时，靶板吸收了炸药的大部分能量，损伤最为严重。在爆炸冲击波压

力作用下，靶板中心直接被压碎，而且靶板整体变形也较大，正面和背面出现较多的径向裂纹。

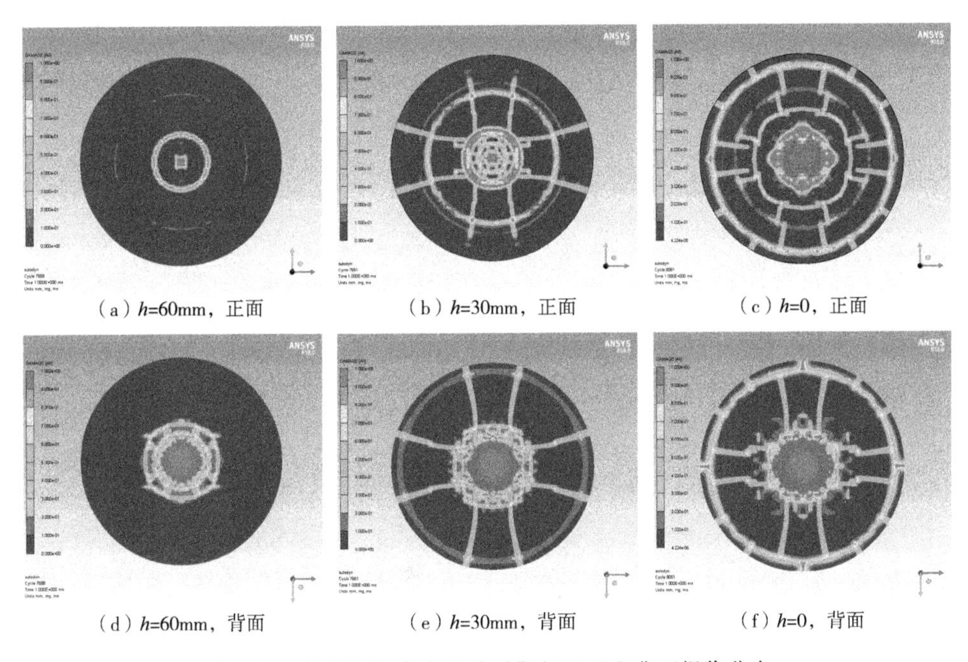

（a）h=60mm，正面　（b）h=30mm，正面　（c）h=0，正面

（d）h=60mm，背面　（e）h=30mm，背面　（f）h=0，背面

图 4.14　炸药不同高度爆炸时靶板正面和背面损伤分布

图 4.15 显示了靶板厚度对损伤破坏形态的影响，靶板厚度分别为 30mm、60mm、90mm，炸药离靶板高度统一为 $h=30$mm。当板较薄时，靶板损伤区域主要集中在炸药附近的中心区域，该部分材料发生剪切破坏，大部分能量被中间破碎的混凝土带走，因此周围材料只出现较少的径向裂纹。当板厚增加到

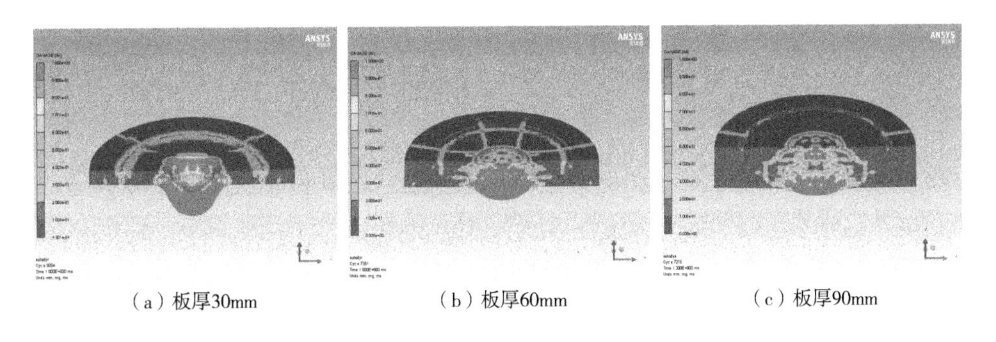

（a）板厚30mm　（b）板厚60mm　（c）板厚90mm

图 4.15　不同板厚损伤分布对比

60mm 时，靶板中心虽然破坏也较严重，但没有整体贯穿，靶板整体变形较大，产生了较多的径向裂纹。当板厚继续加大到 90mm 时，靶板正面损伤较小，主要发生层裂破坏。图 4.16 给出了靶板背面中心测点的速度时程曲线。可以看到，板厚越小，测点飞离靶板的速度越大。当靶板厚度为 90mm 时，测点速度有部分回落，说明靶板中心在压缩波加载下没有完全破坏，压缩波到达自由面后反射为拉应力，导致靶板背面出现了层裂破坏。

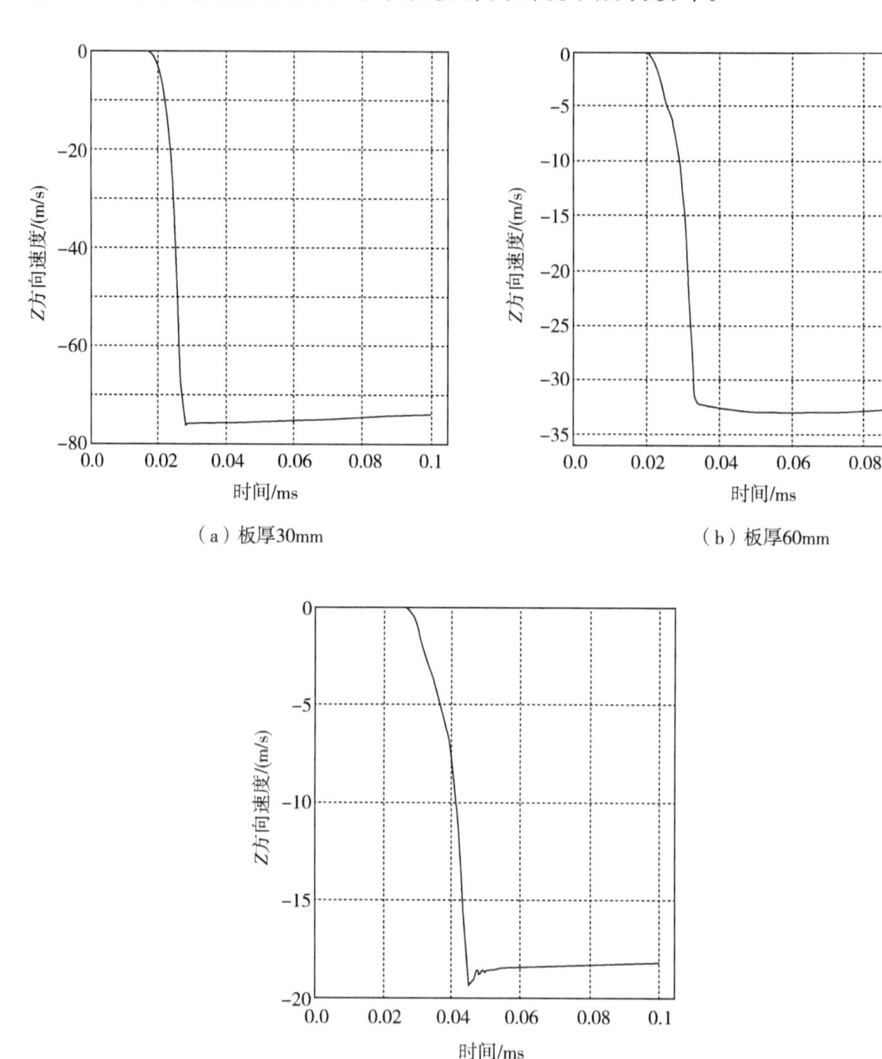

(a) 板厚30mm

(b) 板厚60mm

(c) 板厚90mm

图 4.16 靶板背面中心测点速度时程曲线

4.4 本章小结

(1) 制作了 ϕ400mm×60mm 的混凝土圆板，对两种强度等级，不同钢纤维含量的自密实混凝土试件进行了水浴爆炸加载实验。实验结果表明，SFRSCC 板的破坏形态和破坏程度与其强度和钢纤维含量密切相关。钢纤维含量对 SFRSCC 板抗爆能力影响较大。随着钢纤维含量的提高，SFRSCC 板抗冲击韧性和延性提高，损伤程度逐渐减弱。当钢纤维含量超过 1.5%时，SFRSCC 板正面几乎没有出现损伤和裂纹。混凝土的强度等级对 SFRSCC 板抗爆能力影响较小，在钢纤维含量相同时，C40 级和 C60 级的 SFRSCC 板破坏形态相似。加载方式对 SFRSCC 板的破坏形态也有较大影响。在炸药直接接触爆炸作用下，爆炸压力直接传递到板上，板中心被整体贯穿。而在爆炸水压加载时，爆炸压力通过水传播到板上，板受力更均匀，靶板局部未发生贯穿，正面的爆坑和背面的层裂剥落区域也较小。

(2) 采用 FEM-SPH 耦合算法开展了 SFRSCC 板抗爆试验数值模拟。通过数值模拟能清晰再现炸药爆炸过程和 SFRSCC 靶板的变形状态，计算得到的 SFRSCC 损伤分布和试验吻合较好，说明该模型能较好地预测水浴爆炸加载下 SFRSCC 板的破坏形态，验证了所用模型和参数的合理性。讨论了不同炸药高度和靶板厚度对混凝土损伤破坏形态的影响。计算结果显示，炸药离靶板表面越远，混凝土靶的损伤越小。由于周围水的作用，当炸药离靶板较远时，仍有不少爆炸产生的能量通过水传到靶板，使靶板背面出现拉伸破坏。靶板厚度较小时，靶板中心发生剪切破坏，而厚度较大时发生层裂破坏。

SFRSCC动能弹侵彻效应及机理研究

5.1 引言

与素混凝土相比，SFRSCC 的抗拉强度和抗冲击性能较好，因此在冲击和爆炸荷载作用下的阻力和能量吸收能力有显著提高。随着常规杀伤性武器的迅速发展，各种类型的弹丸对纤维混凝土靶的侵彻仍然是目前研究的热点问题。为了深入研究 SFRSCC 对杆弹的抗侵彻能力，本章开展了 SFRSCC 靶的抗侵彻试验，并分析了靶板的钢纤维含量和子弹入射速度等对靶板抗侵彻性能的影响。

5.2 SFRSCC 靶抗侵彻试验

5.2.1 试验方案

为了研究 SFRSCC 的抗侵彻性能，制作了 SFRSCC 靶板。靶板强度 C40 等级，钢纤维含量分别为 0.5%、1.0%、1.5%、2.0%，材料基本力学性能见第 2 章。试样尺寸为 350mm×350mm×200mm，如图 5.1 所示。

图 5.1　SFRSCC 靶板实物图

SFRSCC 靶板抗侵彻试验在南京理工大学弹道重点实验室进行。试验装置的布置如图 5.2 所示。子弹由钨合金制成，长 9.5cm，直径 1.27cm，弹形系数（CRH）=3，如图 5.3 所示。子弹由炸药驱动，其入射速度由测速靶和高速摄像机测量。试验结束后测量 SFRSCC 靶的侵彻深度。

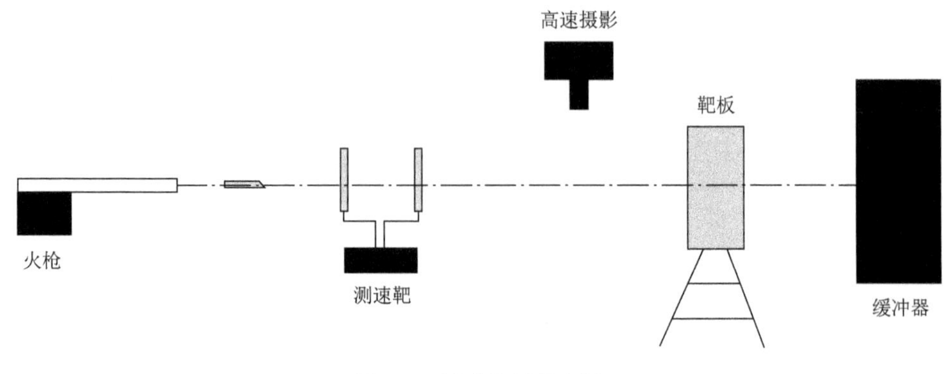

图 5.2　试验装置的布置

图 5.3　子弹和靶板

5.2.2　试验结果

试验结束后子弹侵入靶体，需要把靶板从中间切开测量子弹的侵彻深度，如图 5.4 所示。实验结果见表 5.1 所示。子弹质量约 180g，入射速度范围 177.6～456m/s。对于钢纤维含量为 0.5%的 SFRSCC，入射速度超过 360m/s 时子弹直接贯穿靶板。图 5.5 给出了侵彻深度与子弹入射速度的关系。从图中可以看出，在研究的速度范围内，侵彻深度随入射速度的增加而增大，近似成线性关系，而钢纤维含量对侵彻深度的影响不明显。

图 5.4　侵彻深度测量

表 5.1　试验结果

钢纤维含量 V_f/%	子弹质量/g	火药质量 /g	入射速度 v/(m/s)	侵彻深度 h/cm
0.5	175.66	6	246	9.5
	180.35	6	252	10.2
	180.47	8	299	13.1
	178.92	14	456	贯穿
	180.6	10	360	贯穿
1.0	180.6	5	215	8
	179.45	4	177.6	2.9
	180.49	4.5	180.4	5.7
1.5	180.05	8.5	321	14.5
	179.04	7	273	10.05
	179.69	6	239	7.75
	180.21	5	209	7.3
	180.34	8	310	14.2
	180.46	6.5	248	7.9

续表

钢纤维含量 V_f/%	子弹质量/g	火药质量 /g	入射速度v/(m/s)	侵彻深度 h/cm
2.0	179.78	6	223	8.1
	179.29	5	217	7.6
	179.96	5.5	225.5	8.7
	180.23	6	246	9.2
	180.23	6.5	241	9.15
	179.54	7	287	12.7
	179.92	7.5	292	12.3
	178.72	8	307.5	13.9

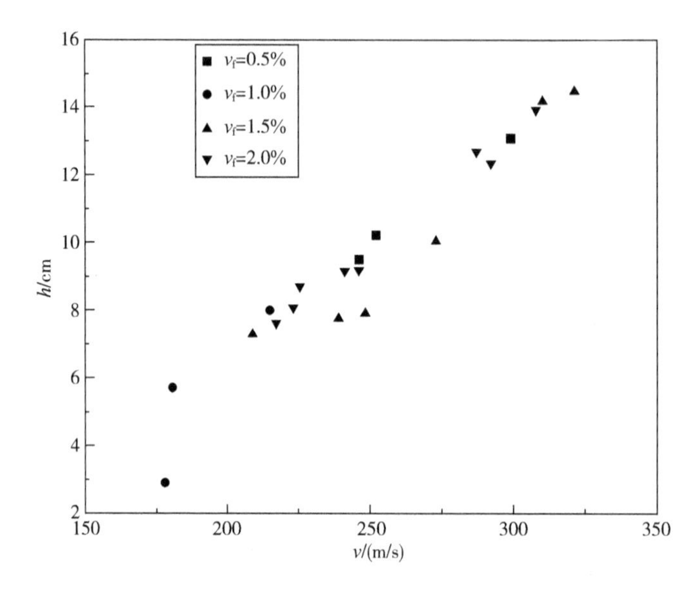

图 5.5 不同钢纤维含量的 SFRSCC 靶板侵彻深度与入射速度关系

5.2.3 侵彻深度预测模型

Wen 等[137]提出，在弹体侵彻混凝土过程中，弹体的平均阻力由材料弹塑性变形引起的静阻力和速度效应引起的动阻力组成。考虑到弹头形状、侵彻速率和靶板单轴压缩强度等参数的影响，他们提出了一种简单的侵彻深度预测公式。该公式的计算结果与现有文献中混凝土的抗侵彻试验结果吻合较好，从目前开展的侵彻试验结果来看，对于SFRSCC材料，钢纤维含量对侵彻结果的影响有限，因此可以沿用文献[137]中的模型进行侵彻深度的预测。

弹体在侵彻SFRSCC材料过程中的平均阻力包括弹塑性变形产生的静压σ_s和速度效应产生的动压σ_d，即

$$\sigma = \sigma_s + \sigma_d \tag{5.1}$$

式中，$\sigma_s = \delta_s \sigma_c$，$\sigma_d = \delta_d \sqrt{\frac{\rho}{\sigma_c}} v_i \sigma_c$，$\delta_s$、$\delta_d$是由弹头形状和靶板材料决定的常数。$\rho$为靶板密度，$v_i$为侵彻速度，$\sigma_c$为靶板剪切屈服极限。在穿透SFRSCC靶板时，弹丸的平均阻力可以表示为

$$F = \sigma \pi (d/2)^2 \tag{5.2}$$

由能量守恒定律，外力作用下的功W等于弹丸的动能变化E_k（假设弹丸上没有侵蚀）。

$$W = \int_0^h F \mathrm{d}z = \int_0^h \sigma \pi (d/2)^2 \mathrm{d}z = \frac{\pi h \sigma \mathrm{d}^2}{4} \tag{5.3}$$

$$E_k = \frac{1}{2} m v_i^2 \tag{5.4}$$

其中，h为弹体侵彻深度，m为弹体的质量。由式（5.3）和（5.4），可以得到

$$h = \frac{4}{\pi \sigma d^2} E_k \tag{5.5}$$

根据文献[137]，我们可以给出以下各参数的值：

$$\delta_s = \frac{2}{3}\left[1 + \ln \frac{E}{3(1-v) f_c}\right], \delta_d = \frac{3}{4\mathrm{CRH}} \tag{5.6}$$

其中，E和v分别为弹性模量和泊松比，CRH为弹形系数（弹头表面圆弧半径与弹体直径之比），f_c为SFRSCC的准静态单轴抗压强度。

若弹性模量不能测得，可根据经验公式[138-139]估算，

$$E = \begin{cases} 4733\sqrt{f_c}, & f_c < 21\mathrm{MPa} \\ 3300\sqrt{f_c} + 6900, & f_c \geqslant 21\mathrm{MPa} \end{cases} \tag{5.7}$$

式中，E和f_c的单位为MPa。泊松比可取为0.2。剩下的参数只有靶板剪切屈服极限σ_c，该参数是决定靶板侵彻阻力的一个重要参数。文献[137]给出了基于试验数据分析得到的普通混凝土σ_c的经验公式：

$$\sigma_c = 1.4 f_c + 45, \quad f_c \leqslant 75\text{MPa} \tag{5.8}$$

对于 SFRSCC 材料，基于现有试验数据，并考虑钢纤维的影响，我们对上述公式进行如下修正：

$$\sigma_c = 1.67 f_c - 7.19 + 58.32 V_f - 23.04 V_f^2 \tag{5.9}$$

式中，V_f 为钢纤维含量，%。

5.2.4 侵彻深度预测

根据侵彻深度预测公式（5.5）计算了弹体侵彻 SFRSCC 靶的侵彻深度，图 5.6 给出了侵彻深度计算结果和实验结果的比较。从图中可以看出，在我们所研究的速度范围内，计算得到的侵彻深度与实验结果比较接近，验证了公式的有效性。由于钢纤维含量为 1.0%的靶板侵彻深度实验数据偏少且离散性较大，因此没有统计计算。

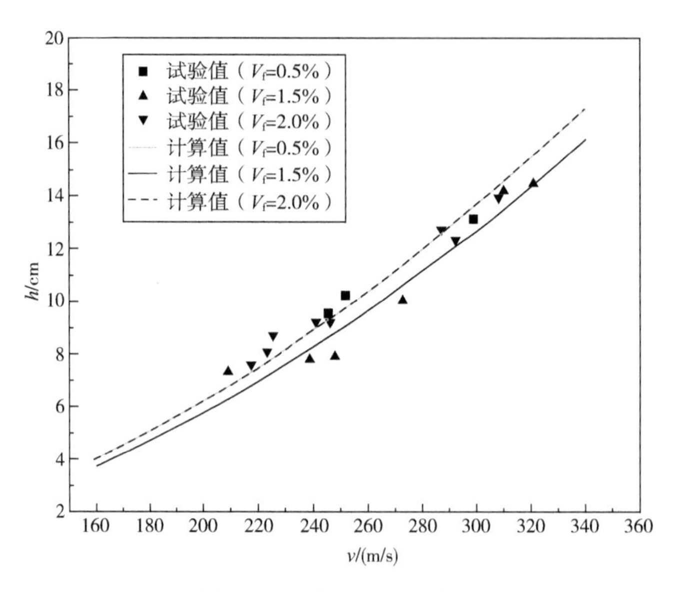

图 5.6　侵彻深度计算结果和试验结果的比较

从图 5.6 中可以发现，当钢纤维含量从 0.5%增加到 1.5%时，侵彻深度预测曲线下移，说明靶板抗侵彻能力有所增强，但是当钢纤维含量增大到 2%时，侵彻深度预测曲线又上移（与钢纤维含量为 0.5%的曲线接近重合），说明靶板的抗侵彻能力并不随钢纤维含量的增加而单调增大。在自密实混凝土中加入钢纤维虽然提高了材料的抗拉强度，但也减小了混凝土的流动能力，特别是浇筑体积较大的构件时影响较为明显，因此加入过多的钢纤维并不能有效提高靶板的抗侵彻能力。

5.3 土盘模型

根据弹靶的几何和物理特征，通过对力学模型进行简化而采用的工程分析方法在混凝土抗侵彻问题中得到了广泛应用。这个领域，Yankelevsky[140]、Forrestal[141，142]等曾先后提出并发展了土盘浮动锁应变模型，从而为工程分析奠定了基础。李永池等[143，144]则对该模型提出了改进，通过分析弹表元素的应力状态和考虑冲击波的衰减，在计算中还通过一种区域积分平均的思想，得到了浮动锁应变计算的新方法，使得该工程分析方法更贴近实际，理论基础更扎实。高光发[145]在此基础上利用 Runge-Kutta 方法建立了考虑应变率效应的混凝土靶板抗侵彻的工程计算方法，该方法计算逻辑更清晰，结果更贴近试验。

以卵形弹头的细长杆弹侵彻混凝土靶板为例，图 5.7 则给出了细长杆弹侵彻混凝土靶板的工程分析模型。在计算中，把靶板分成 N 层有限厚度的土盘。图 5.7 中，S 、L 、ϕ 、$w(t)$ 分别为卵形弹头的半径、弹体的头部长度、弹头部圆弧所对应的圆心角、弹体在时间 t 的侵彻瞬时深度；$\mathrm{d}z$ 、z 、z_0、$R(z)$ 、ψ 、

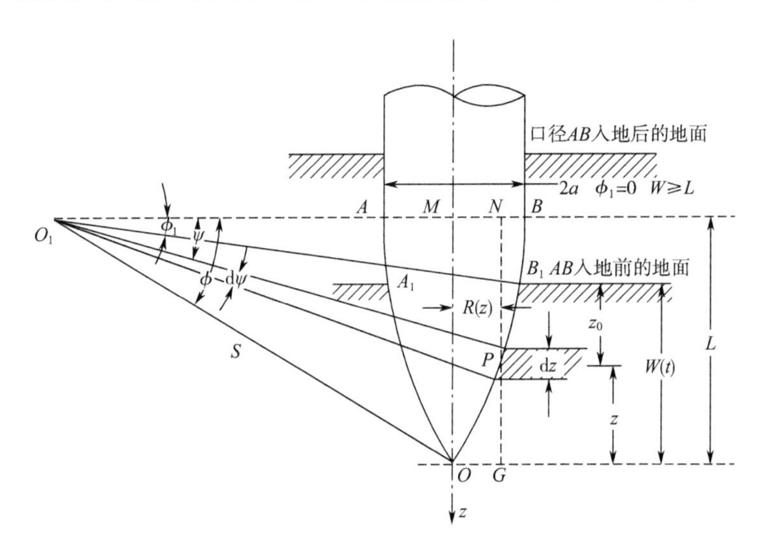

图 5.7　模型的几何结构

$d\psi$ 分别为单个土盘的厚度、所考察土盘距离弹头的位置、所考察土盘距离地面的深度、该土盘所在位置的弹头部截面半径、土盘所在位置对应的圆心角、土盘厚度所对应的圆心角。

土盘模型的基本方程如下。

运动方程：

$$\rho_0 r\ddot{u} = -(r+u)\frac{\partial\sigma_r}{\partial r} - (\sigma_r - \sigma_\theta)\frac{\partial(r+u)}{r} \tag{5.10}$$

连续方程：

$$\frac{\rho_0}{\rho}r = (r+u)\frac{\partial(r+u)}{r} \tag{5.11}$$

体积压缩定律：

$$p = p(\varepsilon) \equiv \frac{K_0}{n}[(1-\eta)^{-n} - 1] \tag{5.12}$$

屈服准则：

$$\sigma_r - \sigma_\theta = (\tau_0 + \mu p)\left(1 + A\ln\frac{\dot{\varepsilon}}{\dot{\varepsilon}_0}\right) \tag{5.13}$$

以上公式中，r 是 Lagrange 径向坐标，u 是 Lagrange 径向位移，$\ddot{u}$ 是介质径向加速度。ρ_0 是混凝土靶初始密度，ρ 是混凝土靶瞬时密度。以受压为正，σ_θ 是周向真应力，σ_r 是径向真应力。K_0、n、τ_0 和 μ 是材料参数，A 是应变率因子，$\dot{\varepsilon}$ 是实际应变率，$\dot{\varepsilon}_0 = 1\mathrm{s}^{-1}$ 是参考应变率，体积应变 $\eta = 1 - \frac{\rho_0}{\rho}$，$p = \frac{\sigma_z + \sigma_r + \sigma_\theta}{3}$ 静水压力，又由弹体表面的应力状态可知[143]

纵向应力：$\sigma_z = \sigma_r \dfrac{\tan(\psi+\alpha)}{\tan\psi}$　（α 为摩擦角）

卵形弹头几何关系：

$$\begin{cases} R(\psi, t) = S\cos\psi - (S-a) \\ \dot{R}(\psi, t) = \dot{w}\tan\psi \\ \ddot{R}(\psi, t) = \ddot{w}\tan\psi - \dfrac{\dot{w}^2}{S\cos^3\psi} \end{cases} \tag{5.14}$$

式中，a 为弹体半径，$R(\psi, t)$ 为 t 时刻圆心角为 ψ 的土盘内边界的位移。由以上基本方程和弹头几何关系即可求得弹体侵彻阻力 p_z 为：

$$p_z = \sum \{2\pi[S\cos\psi - (S - a)]S\sin\psi \mathrm{d}\psi \, \sigma_r B(\psi)\} \tag{5.15}$$

式中，$B(\psi) = \dfrac{\tan(\psi + \alpha)}{\tan(\psi)}$，由基本方程可以确定土盘内表面的径向应力 σ_r 为：

$$\sigma_r = \frac{1}{2}\rho_0 R^2 - \frac{\rho_0}{2}\left(\frac{1}{1-\eta}\right)(R^2 + R\ddot{R})\ln\eta - \frac{\left[\tau_0 + \mu\dfrac{K_0}{n}\right]f(\dot{\varepsilon})}{2}\ln\eta \tag{5.16}$$

其中

$$f(\dot{\varepsilon}) = \left[1 + A\ln\left(\frac{\dot{\varepsilon}_0}{\dot{\varepsilon}_0}\right)\right] \tag{5.17}$$

当弹体垂直侵彻混凝土靶板时，有如下方程组：

$$\begin{cases} \dfrac{\mathrm{d}t}{\mathrm{d}t} = f_0(t) = 1 \\ \dfrac{\mathrm{d}w}{\mathrm{d}t} = f_1(t) = \dot{w}(t) \\ \dfrac{\mathrm{d}\dot{w}}{\mathrm{d}t} = f_2(t) = -\dfrac{|p_z|}{m} \end{cases} \tag{5.18}$$

其中，m 是弹体质量。此方程组为标准的方程组，利用 Runge-Kutta 法，并由初始参数大小，即可得到弹体侵彻混凝土靶的侵彻过程及结果。

采用上述改进的土盘模型对强度等级 C40 且钢纤维含量为 1.5% 的 SFRSCC 进行计算，试验结果参见 5.2.2 中的表 5.1。该混凝土的密度 $\rho_0 = 2.38\text{g/cm}^3$，体积压缩率中的材料参数参考文献[143]中的值，为 $K_0 = 20.9\text{GPa}$，$n=4$；屈服准则中的参数通过试验数据拟合获得，为 $\tau_0 = 33\text{MPa}$，$\mu=1.41$，$A=0.1$。试验采用的弹为卵形弹，弹口径为 1.27cm，CRH=3，平均弹重 $m=180\text{g}$。通过改进的土盘模型，我们计算了弹以初速 209～321m/s 正侵彻混凝土靶板的工况，侵彻深度的计算结果见表 5.2。由表可见，试验结果和计算结果比较接近，误差在 16%以内。图 5.8～图 5.11 则分别给出了弹体以 209m/s 侵彻混凝土靶时的侵彻深度、侵彻速度、弹体阻力和弹体加速度时程变化曲线。

表 5.2 C40 级 SFRSCC（V_f=1.5%）侵彻深度试验与计算结果

子弹质量/g	入射速度v/(m/s)	侵彻深度 h/cm	计算深度 h/cm	相对误差
180.05	321	14.5	13.24	−9%
179.04	273	10.05	9.85	−2%
179.69	239	7.75	7.75	0%
180.21	209	7.3	6.11	−16%
180.34	310	14.2	12.41	−13%
180.46	248	7.9	8.28	5%

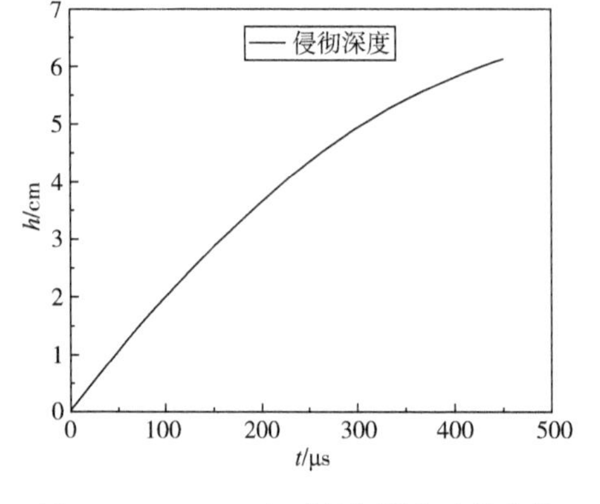

图 5.8 v=209m/s 时侵彻深度时程曲线

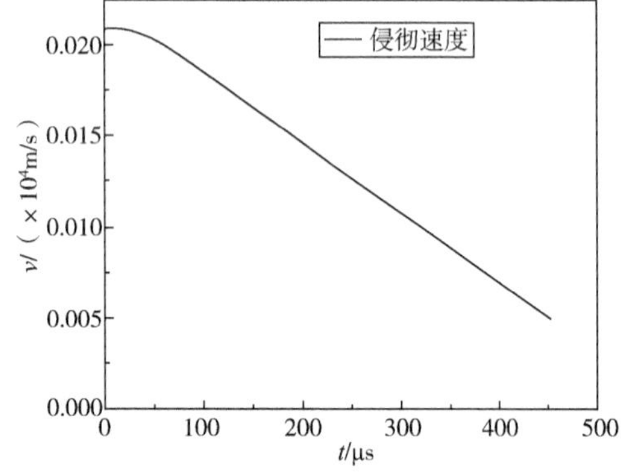

图 5.9 v=209m/s 时侵彻速度时程曲线

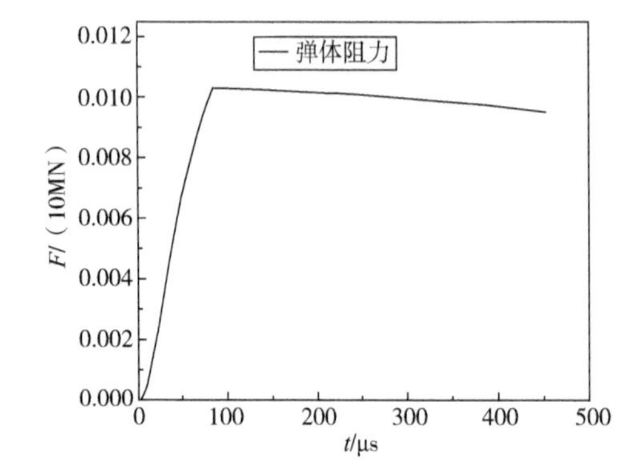

图 5.10 v=209m/s 时弹体阻力时程曲线

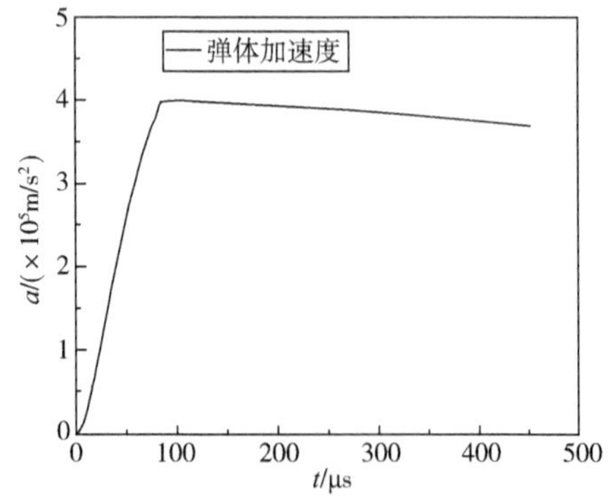

图 5.11 v=209m/s 时弹体加速度时程曲线

5.4 本章小结

研究了不同钢纤维含量 SFRSCC 的抗侵彻性能，分析总结了 SFRSCC 的抗侵彻规律。试验结果表明，钢纤维含量为 1.5%的 SFRSCC 比钢纤维含量为 0.5%的 SFRSCC 具有更好的抗侵彻性能，但钢纤维含量增加到 2.0%时，抗侵彻能力反而有所降低。在现有混凝土侵彻模型基础上，考虑钢纤维的影响，给出了预测 SFRSCC 靶板侵彻深度的经验公式，根据试验结果修正了相关参数。计算结果与侵彻实验数据吻合较好，说明该公式能较好地预测弹体对 SFRSCC 靶的侵彻深度。采用改进的土盘模型，对侵彻试验进行了数值模拟，获得的侵彻深度计算结果和试验结果比较接近，验证了模型的正确性。

第6章

总结和展望

6.1 工作总结

钢纤维自密实混凝土（SFRSCC）兼具钢纤维混凝土和自密实混凝土两种材料的优势，具有韧性高、流动性好等优点。本书在前人研究基础上，研制出一种新型钢纤维自密实混凝土，其配合比获国家发明专利授权，且该材料具备在防护工程中推广应用的价值。在此基础上，本书系统开展了 SFRSCC 工作性能试验、准静态压缩、直接拉伸试验、劈裂抗拉试验、水浴爆炸和侵彻试验，分析归纳了钢纤维含量对其动静态力学行为的影响。本书主要工作如下：

(1) 设计了 C40 和 C60 两种不同强度等级的 SFRSCC，添加四种不同体积分数的钢纤维（0.5%、1.0%、1.5%和 2.0%），全面测试了其工作性能，均未发现离析现象，保持了优异的均匀性与黏结力，试验结果满足相关建筑材料规范，配合比申请了国家发明专利，并已获授权。

(2) 设计全新的拉伸夹具开展准静态拉伸试验，通过数据拟合得到了 SFRSCC 单轴抗拉强度与钢纤维含量特征值的关系表达式，两者呈线性增长关系。与 C60 等级普通自密实混凝土相比，当钢纤维含量从 0.5%增加到 2%时，SFRSCC 拉伸强度提高了 7%至 18%。开展劈裂抗拉试验，结果表明，强度等级为 C40 的混凝土，当纤维含量从 0.5%增加到 2%时，劈裂抗拉强度约增加了 36%。对于强度等级为 C60 的混凝土，除了纤维含量为 1%的混凝土，劈裂抗拉强度的整体变化趋势与 C40 级混凝土相同，但变化范围较小。通过数据拟合得到了 SFRSCC 的劈裂抗拉强度与钢纤维含量特征值的关系表达式。

(3) 通过 SHPB 动态压缩试验，发现 SFRSCC 具有明显的应变率效应，但随着基体强度增加，应变率效应减弱。采用改进的 SHPB 装置开展了 SFRSCC 动态拉伸试验，结果表明，SFRSCC 的抗拉强度主要与相应 SCC 的抗压强度和纤维体积分数有关。抗压强度越大，抗拉强度越大。纤维体积分数越高，抗拉强度也越大。依据试验结果，提出了 SFRSCC 的动态抗拉强度与准静态抗压强度 f_c 和纤维体积分数 V_f 之间关系的经验公式。探讨了纤维增强作用的机理。我们认为钢纤维的拉拔效应阻碍了混凝土内部裂纹的发展，从而提高了 SFRSCC 的抗拉强度。

(4) 将“等效微孔系统”的概念与“成核生长模型”的思想相结合，提出了压剪耦合损伤演化模型。通过对 SFRSCC 的 SHPB 动态压缩试验应力-应变曲线的拟合，得到了压剪耦合损伤演化方程的参数。以微裂纹扩展和微孔洞长大引起材料损伤发展出发，分别推导得到了微裂纹拉伸损伤演化方程和等效微孔洞拉伸损伤演化方程。建立了混凝土含损伤屈服准则和状态方程，基于现有试验数据的分析拟合，获取了相关模型参数。

（5）对两种强度等级的 SFRSCC ϕ400mm×60mm 的圆板试件，进行了水浴爆炸加载试验。结果表明，SFRSCC 板的破坏形态和破坏程度与其强度和钢纤维含量密切相关。钢纤维含量对 SFRSCC 板抗爆能力影响较大。随着钢纤维含量的提高，SFRSCC 板抗冲击韧性和延性提高，损伤程度逐渐减弱。当钢纤维含量超过 1.5％时，SFRSCC 板正面几乎没有出现损伤和裂纹。混凝土的强度等级对 SFRSCC 板抗爆能力影响较小，在钢纤维含量相同时，C40 和 C60 等级的 SFRSCC 板破坏形态相似。加载方式对 SFRSCC 板的破坏形态也有较大影响。在炸药直接接触爆炸作用下，爆炸压力直接传递到板上，板中心被整体贯穿。而在水浴爆炸加载时，爆炸压力通过水传播到板上，板受力更均匀，靶板局部未发生贯穿，正面的爆坑和背面的层裂剥落区域也较小。采用 FEM-SPH 耦合算法开展了 SFRSCC 板抗爆试验数值模拟。通过数值模拟能清晰再现炸药爆炸过程和混凝土靶板的变形状态，计算得到的混凝土损伤分布和试验吻合较好，说明该模型能较好地预测水浴爆炸加载下混凝土板的破坏形态，验证了所用模型和参数的合理性。

（6）进行了掺不同含量钢纤维的 SFRSCC 抗侵彻试验，分析总结了 SFRSCC 的抗侵彻规律。试验结果表明，钢纤维含量为 1.5％的 SFRSCC 比钢纤维含量为 0.5％的 SFRSCC 具有更好的抗侵彻性能，但钢纤维含量增加到 2.0％时，抗侵彻能力反而有所降低。在现有混凝土侵彻模型基础上，考虑钢纤维的影响，提出了预测 SFRSCC 靶板侵彻深度的经验公式。计算结果与侵彻试验数据吻合较好，说明该公式能较好地预测弹体对 SFRSCC 靶板的侵彻深度。采用改进的土盘模型，对侵彻试验进行了数值模拟，获得的侵彻深度计算结果和试验结果比较接近，验证了模型的正确性。

6.2 创新

（1）研制了具有四种不同钢纤维含量的 C40 级、C60 级的 SFRSCC，开展了材料静、动态力学性能试验，分析了钢纤维含量对材料力学性能的影响，建立了材料强度与钢纤维含量的关系。

（2）开展了 SFRSCC 的压汞试验和扫描电镜试验，研究了钢纤维对混凝土孔结构和界面过渡区的影响。三维乱向分布的钢纤维分散了混凝土的收缩拉应力，细化了孔结构，减小了孔隙率，提高了钢纤维-水泥基体界面过渡区的强度。

(3) 分析了钢纤维含量对 SFRSCC 的应变率效应的影响规律，建立了材料的损伤演化方程，发展了其含损伤的动态本构模型。

(4) 开展了 SFRSCC 靶板的水浴爆炸加载试验和抗侵彻试验，结合 FEM-SPH 耦合算法进行了 SFRSCC 板的抗爆炸数值模拟，揭示了 SFRSCC 的抗爆炸和抗侵彻规律，提出了预测 SFRSCC 靶板侵彻深度的经验公式。

6.3 未来研究展望

通过对 SFRSCC 材料系统性的试验，对其动态力学性能也进行了数值模拟分析，建立和改善了一些适用于 SFRSCC 的抗冲击计算公式，取得了一些新颖的研究成果，但碍于各种试验条件，对研究过程中不少问题和困难研究还不够深入，很多问题还有待完善。为了对 SFRSCC 材料进行更全面、更透彻的抗冲击性能研究，未来可以针对下列几个方面开展研究：

(1) 试验所涉及工作性能尚不够全面，没有开展全面的工程应用试验。还需要开展经时损失、大体积大掺量 SFRSCC 均匀性试验。

(2) 虽然进行了静态拉伸、劈裂试验，但是没有深入研究 SFRSCC 抗拉机理，因此，未来可从微观力学角度进行试验和理论分析。

(3) 本书所涉及的 SFRSCC 材料动态力学性能需要更广范围的试验研究，比如考虑高温、高压、更高应变率范围的研究，这些对 SFRSCC 应用于防护工程尤为重要。

(4) 本书的一些数值模拟，采用了转换思想和等效方法，不够深入。可采用量纲理论对 SFRSCC 进行抗爆、抗侵彻分析，对重点考虑的影响因素、参数开展深入的试验，进行定量研究，如纤维形状、靶板厚度、是否限侧、限侧厚度、炸药种类及加载方式等。此外，尽可能确定主导影响因素。

(5) 本书动态力学性能试验结果不能向空间复杂应力状态推广，未来希望能完成动态三轴试验，提出 SFRSCC 三维动态本构模型。

(6) 抗侵彻试验整体效果不理想，数据离散性较大，未来如条件允许，可规模化制备试件，采用批量制式子弹进行试验，总结规律，探索机理，得出较为精准的侵彻深度预测经验公式。

参考文献

[1] 丁一宁，王岳华，董香军，等. 纤维自密实高性能混凝土工作度的试验研究［J］. 土木工程学报，2006，38(11)：51-57.

[2] DING Y，LIU S，ZHANG Y，et al. The investigation on the workability of fibre cocktail reinforced self-compacting high performance concrete［J］. Construction and building materials，2008，22（7）：1462-1470.

[3] DING Y，ZHANG Y，THOMAS A. The investigation on strength and flexural toughness of fibre cocktail reinforced self-compacting high performance concrete［J］. Construction and building materials，2009，23（1）：448-452.

[4] 刘晓英. 钢纤维在自密实混凝土中的应用研究［J］. 煤炭技术，2008，27（2）：112-114.

[5] FERRARA L，PARK Y D，SHAH S P. A method for mix-design of fiber-reinforced self-compacting concrete［J］. Cement and concrete research，2007，37（6）：957-971.

[6] KHAYAT K H，ROUSSEL Y. Testing and performance of fiber-reinforced，self-consolidating concrete［J］. Materials and structures，2000，33（6）：391-397.

[7] 丁一宁，董香军，王岳华. 纤维自密实高性能混凝土在结构补强中试验研究［J］. 大连理工大学学报，2006，46（1）：59-62.

[8] 刘思国，丁一宁. 纤维增强自密实混凝土早龄期非自由收缩研究［J］. 建筑材料学报，2008，11（1）：8-13.

[9] SWAMY R N，JOJAGHA A H. Workability of steel fiber reinforced lightweight aggregate Concrete［J］. International journal of cement composites and lightweight concrete，1982，4（2）：103-109.

[10] Balendran R V，Zhou F P，Nadeem A，et at. Influence of steel fibers on strength and ductility of normal and lightweight high strength concrete［J］. Building and environment，2002，37（12）：1361-1367.

[11] Japanese Ready-Mixed Concrete Association. Manual of producting high fluidity（self-compacting）concrete［M］. Tokyo：Japanese Ready-Mixed Concrete Association，1998.

[12] ASHISH，D K，VERMA，S K. Determination of optimum mixture design method for self-compacting concrete：validation of method with experimental results［J］. Construction and building materials，2019，217：664-678.

[13] SALARI Z，VAKHSHOURI B，NEJADI S. Analytical review of the mix design of fiber

reinforced high strength self-compacting concrete [J] . Journal of building engineering, 2018, 20:264 -276.

[14] IRK I, EULDJI M, BENSABER H, et al. Characterization of stem phoenix fibres as potential reinforcement of self compacting mortar [J] . Journal of adhesion science and technology, 2018, 32 (15): 1629 -1642 .

[15] SILVA Y, ROBAYO R, et al.Obtaining self-compacting concrete using demolition waste [J] . Revista latinoamericana de metalurgia y materiales, 2014, 35 (1): 6 -94 .

[16] ABO DHAHEER M S, AL-RUBAYE M M, et al. Proportioning of self-compacting concrete mixes based on target plastic viscosity and compressive strength: part I - mix design procedure [J] . Journal of sustainable cement-based materials, 2016, 5 (4): 199 -216 .

[17] ATHIYAMAAN, V, GANESH, G M. Statistical and detailed analysis on fiber reinforced self-compacting concrete containing admixtures- a state of art of review [J] . IOP Conference series: materials science and engineering, 2017, 263 (3) .

[18] ISMAIL M K, HASSAN A A A. Shear behaviour of large-scale rubberized concrete beams reinforced with steel fibres [J] . Construction and building materials, 2017, 140: 43 -57.

[19] MAHAPATRA C K, BARAI S V, Temperature impact on residual properties of self-compacting based hybrid fiber reinforced concrete with fly ash and colloidal nano silica [J] . Construction and building materials, 2019, 198:120 -132.

[20] GHERNOUTI Y, RABEHI B, et al. Fresh and hardened properties of self-compacting concrete containing plastic bag waste fibers (WFSCC) [J] . Construction and building materials, 2015, 82: 89 -100.

[21] MOLAEI RAISI E, VASEGHI AMIRI J, DAVOODI M R. Mechanical performance of self-compacting concrete incorporating rice husk ash [J] . Construction and building materials, 2018, 177:148 -157.

[22] YASUDA Y, IWASAKI H, YASUI K, et al. Development of walkway blocks with high water permeability using waste glass fiber-reinforced plastic [J] . AIMS energy, 2018, 6 (6): 1032 -1049.

[23] ISMAIL M K, HASSAN A A A. An experimental study on flexural behaviour of large-scale concrete beams incorporating crumb rubber and steel fibres [J] . Engineering structures, 2017, 145: 97 -108.

[24] ISMAIL M K, HASSAN A A A. Impact resistance and mechanical properties of self-consolidating rubberized concrete reinforced with steel fibers [J] . Journal of materials in civil engineering, 2017, 29 (1) .

[25] LIU X, WU T, YANG X, et al. Properties of self-compacting lightweight concrete reinforced with steel and polypropylene fibers [J] . Construction and building materials, 2019, 226: 388 -398.

[26] KHAN U, KHAN R A, PANDEY N K, et al. Fresh and hardened properties of hybrid fibre rein-

forced self consolidating concrete containing basalt and polypropylene fibres [J]. International journal of recent technology and engineering, 2019, 8 (2): 3356-3361.

[27] CHINCHILLAS-CHINCHILLAS M J, OROZCO-CARMONA V M, GAXIOLA A, et al. Evaluation of the mechanical properties, durability and drying shrinkage of the mortar reinforced with polyacrylonitrile microfibers [J]. Construction and building materials, 2019, 210: 32-39.

[28] ASLANI, F, GEDEON, R. Experimental investigation into the properties of self-compacting rubberised concrete incorporating polypropylene and steel fibers [J]. Structural concrete, 2019, 20 (1): 267-281.

[29] TAHMOURESI B, KOUSHKBAGHI M, MONAZAMI M, et al. Experimental and statistical analysis of hybrid-fiber-reinforced recycled aggregate concrete [J]. Computers and concrete, 2019, 24 (3): 193-206.

[30] TABATABAEIAN M, KHALOO A, et al. Experimental investigation on effects of hybrid fibers on rheological, mechanical, and durability properties of high-strength SCC [J]. Construction and building materials, 2017, 147:497-509.

[31] OLIVEIRA P J V, CORREIA A A S, et al. Effect of fibre type on the compressive and tensile strength of a soft soil chemically stabilised [J]. Geosynthetics international, 2016, 23 (3): 171-182.

[32] CORREIA A A S, VENDA OLIVEIRA P J, et al. Strength of a stabilised soil reinforced with steel fibres [J]. Proceedings of the institution of civil engineers: geotechnical engineering, 2017, 170 (4).

[33] SAEEDIAN A, DEHESTANI M, et al. Effect of specimen size on the compressive behavior of self-consolidating concrete containing polypropylene fibers [J]. Journal of materials in civil engineering, 2017, 29 (11).

[34] LI J J, NIU J G, et al. Investigation on mechanical properties and microstructure of high performance polypropylene fiber reinforced lightweight aggregate concrete [J]. Construction and building materials, 2016, 118:27-35.

[35] IBRAHIM M H W, MANGI S A, RIDZUAN M B, et al. Compressive and flexural strength of concrete containing palm oil biomass clinker with hooked-end steel fibers [J]. International journal of integrated engineering, 2018, 10 (9): 152-157.

[36] LI J, NIU J, WAN C, LIU X, et al. Comparison of flexural property between high performance polypropylene fiber reinforced lightweight aggregate concrete and steel fiber reinforced lightweight aggregate concrete [J]. Construction and building materials, 2017, 157:729-736.

[37] KARAHAN O, OZBAY E, ATIS C D, et al. Effects of milled cut steel fibers on the properties of concrete [J]. KSCE journal of civil engineering, 2016, 20 (7): 2783-2789.

[38] SIDDIQUE R, KAUR G, KUNAL. Strength and permeation properties of self-compacting concrete containing fly ash and hooked steel fibres [J]. Construction and building materials, 2016, 103:15-22.

[39] CHOLKER A K, TANTRAY M A. Mechanical and durability properties of self-compacting concrete reinforced with carbon fibers [J]. International journal of recent technology and engineering, 2019, 7 (6): 1738-1743.

[40] IQBAL S, ALI A, et al. Mechanical properties of steel fiber reinforced high strength lightweight self-compacting concrete (SHLSCC) [J]. Construction and building materials, 2015, 98:325-333.

[41] BASHEERUDEEN A, ANANDAN, S. Simplified mix design procedures for steel fibre reinforced self compacting concrete [J]. Engineering journal, 2015, 19 (1): 21-36.

[42] AHMAD H, HASHIM M H M, et al. Steel fibre reinforced self-compacting concrete (SFRSC) performance in slab application: a review [J]. AIP conference proceedings, 2016, 1774.

[43] MADANDOUST R, RANJBAR M M, et al. Assessment of factors influencing mechanical properties of steel fiber reinforced self-compacting concrete [J]. Materials and design, 2015, 83: 284-294.

[44] BASHEERUDEEN A, SEKAR S K. Flexural and punching shear characterization for self compacting concrete reinforced with steel fibres [J]. International journal of civil engineering and technology, 2016, 7 (5): 187-201.

[45] ZARRIN O, KHOSHNOUD H R. Experimental investigation on self-compacting concrete reinforced with steel fibers [J]. Structural engineering and mechanics, 2016, 59 (1): 133-151.

[46] ABDELALEEM B H, HASSAN A A A, ISMAIL M K. Properties of self-consolidating rubberised concrete reinforced with synthetic fibres [J]. Magazine of concrete research, 2017, 69 (10): 526-540.

[47] MOHAMED, R N, ZAMRI, N F, et al. Steel fibre self-compacting concrete under biaxial loading [J]. Construction and building materials, 2019, 224:255-265.

[48] LI F, CUI Y, CAO C, WU P. Experimental study of the tensile and flexural mechanical properties of directionally distributed steel fibre-reinforced concrete [J]. Proceedings of the institution of mechanical engineers, part l: journal of materials: design and applications, 2019, 233 (9): 1721-1732.

[49] VAKILI S E, HOMAMI P, ESFAHANI M R. Effect of fibers and hybrid fibers on the shear strength of lightweight concrete beams reinforced with GFRP bars [J]. Structures, 2019, 20: 290-297.

[50] MAHAPATRA C K, BARAI S V. Hybrid fiber reinforced self compacting concrete with fly ash and colloidal nano silica: A systematic study [J]. Construction and building materials, 2018, 160:828-838.

[51] AL-RAWI S, TAYOI N. Performance of self-compacting geopolymer concrete with and without GGBFS and steel fiber [J]. Advances in concrete construction, 2018, 6 (4): 323-344.

[52] DING X, ZHAO M, et al. Statistical analysis and preliminary study on the mix proportion de-

sign of self-compacting steel fiber reinforced concrete [J] . Materials, 2019, 12 (4) .

[53] ISMAIL M K, HASSAN A A A. Use of steel fibers to optimize self-consolidating concrete mixtures containing crumb rubber [J] . ACI materials journal, 2017, 114 (4) : 581 -594.

[54] GHAVIDEL R, MADANDOUST R, RANJBAR M M. Reliability of pull-off test for steel fiber reinforced self-compacting concrete [J] . Measurement: journal of the international measurement confederation, 2015, 73: 628 -639.

[55] JAYAPRAKASH G, MUTHURAJ M P. Prediction of compressive strength of various SCC mixes using relevance vector machine [J] . Computers, materials and continua, 2018, 54 (1) : 83 -102.

[56] MEZA A, SIDDIQUE S. Effect of aspect ratio and dosage on the flexural response of FRC with recycled fiber [J] . Construction and building materials, 2019, 213: 286 -291.

[57] GÜLIAN M E, ALZEEBAREE R, RASHEED A A, et al. Development of fly ash/slag based self-compacting geopolymer concrete using nano-silica and steel fiber [J] . Construction and building materials, 2019, 211: 271 -283.

[58] IBRAHIM H A, ABBAS B J. Influence of hybrid fibers on the fresh and hardened properties of structural light weight self-compacting concrete [J] . IOP conference series: materials science and engineering, 2019, 518 (2) .

[59] HOSSAIN K M A, CHU, K. Confinement of six different concretes in CFST columns having different shapes and slenderness [J] . International journal of advanced structural engineering, 2019, 11 (2) : 255 -270.

[60] ZAMRI N F, MOHAMED R N, KADIR, et al. The flexural strength properties of steel fibre reinforced self-compacting concrete (SFRSCC) [J] . Malaysian construction research journal, 2019, 6 (1) : 24 -35.

[61] ZHANG C, HAN S, HUA Y. Flexural performance of reinforced self-consolidating concrete beams containing hybrid fibers [J] . Construction and building materials, 2018, 174: 11 -23.

[62] KRASSOWSKA J, KOSIOR -KAZBERUK M. Failure mode in shear of steel fiber reinforced concrete beams [J] . MATEC web of conferences, 2018, 163.

[63] GAO D, ZHANG L. Flexural performance and evaluation method of steel fiber reinforced recycled coarse aggregate concrete [J] . Construction and building materials, 2018, 159: 126 -136.

[64] AHMAD H, HASHIM M H M, et al. Flexural strength and behaviour of SFRSCC ribbed slab under four point bending [J] . AIP conference proceedings, 2017, 1903.

[65] BOITA I-E, DAN D, STOIAN V. Seismic behaviour of composite steel fibre reinforced concrete shear walls [J] . IOP conference series: materials science and engineering, 2017, 245 (2) .

[66] ZHANG X X, RUIZ G, TARIFA M, et al. Dynamic fracture behavior of steel fiber reinforced self-compacting concretes (SFRSCCs) [J] . Materials, 2017, 10 (11) .

[67] LAMIDE J A, MOHAMED R N, et al. Experimental results on the shear behaviour of steel fibre self-compacting concrete (SFSCC) beams [J] . Jurnal teknologi, 2016, 78 (11) : 103 -

111.

[68] NING X, DING Y, ZHANG F, et al. Experimental study and prediction model for flexural behavior of reinforced SCC beam containing steel fibers [J]. Construction and building materials, 2015, 93: 644-653.

[69] ABRAMS D A. Effect of rate of application of load on the compressive strength of concretet [J]. Journal of ASTM international, 1917, 17 (2): 364-377.

[70] COWELL W L. Dynamic propertiers of plain portland cement conerete [J]. Tech pep no r447, U S naval cir engrg lab, port hueneme, calif, 1966.

[71] 张文华, 陈振宇. 超高性能混凝土动态冲击拉伸性能研究 [J]. 材料导报, 2017, 31 (23): 103-108.

[72] HÄUSSLER-COMBE U, PANTEKI E. Modeling of concrete spallation with damaged viscoelasticity and retarded damage [J]. International journal of solids and structures, 2016, 90: 153-166.

[73] MALVAR L J, CRAWFORD J E. Dynamic increase factors for concrete [C]. Twenty-eighth DDESB seminar orlando, FL, 1998.

[74] CEB Concrete structures under impact and implosive loading, Synthesis report, Bulletind information No 187 (Committee Euro-International du Beton Lausanne, 1988).

[75] TEDESCO J W, ROSS C A. Strain-rate-dependent constitutive equation for concrete [J]. Journal of pressure vessel technology, 1998, 120: 398-405.

[76] LOK T S, ASCE M, ZHAO J. Impact response of steel fiber-reinforced concrete using a split hopkinson pressure bar [J]. Journal of material in civil engineering, 2004, 16 (1): 54-59.

[77] AL-HADITHI A I, NOAMAN A T, MOSLEH W K. Mechanical properties and impact behavior of PET fiber reinforced self-compacting concrete (SCC) [J]. Composite structures, 2019, 224.

[78] MAHAKAVI P, CHITHRA R. Impact resistance, microstructures and digital image processing on self-compacting concrete with hooked end and crimped steel fiber [J]. Construction and building materials, 2019, 220: 651-666.

[79] NARAGANTI S R, PANNEM R M R, PUTTA J. Impact resistance of hybrid fibre reinforced concrete containing sisal fibres [J]. Ain shams engineering journal, 2019, 10 (2): 297-305.

[80] ABDELALEEM B H, ISMAIL M K, HASSAN A A A. The combined effect of crumb rubber and synthetic fibers on impact resistance of self-consolidating concrete [J]. Construction and building materials, 2018, 162: 816-829.

[81] AHMAD H, MOHD HASHIM M H, et al. Flexural behaviour and punching shear of selfcompacting concrete ribbed slab reinforced with steel fibres [J]. MATEC web of conferences, 2017, 138.

[82] MASTALI M, DALVAND A. Fresh and hardened properties of self-compacting concrete reinforced with hybrid recycled steel-polypropylene fiber [J]. Journal of materials in civil engi-

neering, 2017, 29 (6).

[83] MASTALI M, DALVAND A, SATTARIFARD A. The impact resistance and mechanical properties of the reinforced self-compacting concrete incorporating recycled CFRP fiber with different lengths and dosages [J]. Composites part B: engineering, 2017, 112:74-92.

[84] MASTALI M, DALVAND A. Use of silica fume and recycled steel fibers in self-compacting concrete (SCC) [J]. Construction and building materials, 2016, 125:196-209.

[85] BISCHOFF P H, PERRY S H. Compressive behaviour of concrete at high strain rates [J]. Materials and structures, 1991, 24 (6): 425-450.

[86] PERUMAL R. Performance and modeling of high-performance steel fiber reinforced concrete under impact loads [J]. Computers & concrete, 2014, 13 (2): 255-270.

[87] KAÏKEA A, ACHOURA D, DUPLAN F, et al. Effect of mineral admixtures and steel fiber volume contents on the behavior of high performance fiber reinforced concrete [J]. Materials & design, 2014, 63:493-499.

[88] ZHANG X X, YU R C, RUIZ G, et al. Effect of loading rate on crack velocities in hsc [J]. International journal of impact engineering, 2010, 37 (4): 359-370.

[89] ZHANG X X, RUIZ G, ELAZIM A M A. Loading rate effect on crack velocities in steel fiber-reinforced concrete [J]. International journal of impact engineering, 2014, 76:60-66.

[90] GOLDSMITH W, POLIVKA M, YANG T. Dynamic behavior of concrete [J]. Experimental mechanics, 1966, 6 (2): 65-79.

[91] BEPPU M, MIWA K, ITOH M, et al. Damage evaluation of concrete plates by high-velocity impact [J]. International journal of impact engineering, 2008, 35 (12): 1419-1426.

[92] ALMUSALLAM T H, ABADEL A A, AL-SALLOUM Y A, et al. Effectiveness of hybrid-fibers in improving the impact resistance of RC slabs [J]. International journal of impact engineering, 2015, 81:61-73.

[93] MAGNUSSON J. Fibre reinforced concrete beams subjected to air blast loading [J]. International journal of nordic concrete research (35), 2007, 18-34.

[94] MAO L, BARNETT S, BEGG D, et al. Numerical simulation of ultra high performance fibre reinforced concrete panel subjected to blast loading [J]. International journal of impact engineering, 2014, 64 (64): 91-100.

[95] LAN S, LOK T S, HENG L. Composite structural panels subjected to explosive loading [J]. Construction & building materials, 2005, 19 (5): 387-395.

[96] YUSOF M A, NORAZMAN ARIFFIN, ZAIN F M, et al. Normal strength steel fiber reinforced concrete subjected to explosive loading [J]. International journal of sustainable construction engineering & technology, 2011, 1 (2).

[97] BARBER R B. Steel rod/concrete slab impact test (experimental simulation) [J]. Bechtel corporation, 1973.

[98] JANKOV Z D, SHANAHAN J A, WHITE M P. Missile tests of quarter-scale reinforced

concrete barriers, a symposium on tornadoes, assessment of knowledge and implications for man, Texas Tech University, Lubbock, Tex, 1976.

[99] DRAKE J L, et al. Protective Construction Design Manual ESL-TR-87-57, Air Force Engineering and Services, Tyndall Air Force Base, 1989.

[100] WU C, NURWIDAYATI R, OEHLERS D J. Fragmentation from spallation of RC slabs due to airblast loads [J]. International journal of impact engineering, 2009, 36(12): 1371-1376.

[101] CARGILE J D, CAMMINS T R. Effectiveness of yaw-inducing bar screens for defeating low length to diameter armor-piercing [R].Waterways experimental station, 1992.

[102] DANCYGIER A N, YANKELEVSKY D Z. High strength concrete response to hard projectile impact [J]. International journal of impact engineering, 1996, 18(6): 583-599.

[103] YANKELEVSKY D Z. Local response of concrete slabs to low velocity missile impact [J]. International journal of impact engineering, 1997, 19(4): 331-343.

[104] ONG K C G, BASHEERKHAN M, PARAMASIVAM P. Resistance of fiber concrete slabs to low velocity projectile impact [J]. Cement & concrete composites, 1999, 21(5/6): 391-401.

[105] ALMANSA E M, CÁNOVAS M F. Behaviour of normal and steel fiber-reinforced concrete under impact of small projectiles [J]. Cement & concrete research, 1999, 29(11): 1807-1814.

[106] ZHANG M H, SHIM V P W, LU G, et al. Resistance of high-strength concrete to projectile impact [J]. International journal of impact engineering, 2005, 31(7): 825-841.

[107] TAI Y S. Flat ended projectile penetrating ultra-high strength concrete plate target [J]. Theoretical & applied fracture mechanics, 2009, 51(2): 117-128.

[108] CÁNOVAS M F, HERNANDO, et al. Behavior of steel fiber high strength concrete under impact of projectiles [J]. Materiales de construccion, 2012, 25(3): 677-684.

[109] SOVJÁK R, VAVŘINÍK T, ZATLOUKAL J, et al. Resistance of slim UHPFRC targets to projectile impact using in-service bullets [J]. International journal of impact engineering, 2015, 76: 166-177.

[110] MÁCA P, SOVJÁK R, KONVALINKA P. Mix design of UHPFRC and its response to projectile impact [J]. International journal of impact engineering, 2014, 63: 158-163.

[111] LIU Y, SONG C M, YUE S L. Tests on Mechanical Properties and Anti-Penetration Performance of Steel-Fiber Reactive Powder Concrete [C] Advanced Materials Research Trans Tech Publications, 2013, 671: 1761-1765.

[112] ALMUSALLAM T H, SIDDIQUI N A, IQBAL R A, et al. Response of hybrid-fiber reinforced concrete slabs to hard projectile impact [J]. International journal of impact engineering, 2013, 58: 17-30.

[113] WANG S, LE H T N, POH L H, et al. Resistance of high-performance fiber-reinforced cement composites against high-velocity projectile impact [J]. International journal of impact engineering, 2016, 95: 89-104.

[114] WU H, FANG Q, GONG Z M, et al. Hard projectile impact on layered SFRHSC composite target [J]. International journal of impact engineering, 2015, 84: 88-95.

[115] WU H, FANG Q, CHEN X W, et al. Projectile penetration of ultra-high performance cement based composites at 510-1320 m/s [J]. Construction and building materials, 2015, 74: 188-200.

[116] WU H, FANG Q, GONG J, et al. Projectile impact resistance of corundum aggregated UHP-SFRC [J]. International journal of impact engineering, 2015, 84: 38-53.

[117] YU R, SPIESZ P, BROUWERS H J H. Energy absorption capacity of a sustainable ultra-high performance fiber reinforced concrete (UHPFRC) in quasi-static mode and under high velocity projectile impact [J]. Cement and concrete composites, 2016, 68: 109-122.

[118] PRAKASH A, SRINIVASAN S M, RAO A R M. Application of steel fiber reinforced cementitious composites in high velocity impact resistance [J]. Materials and structures, 2017, 50 (1): 6.

[119] KORTE S, BOEL V, DE CORTE W, et al. Static and fatigue fracture mechanics properties of self-compacting concrete using three-point bending tests and wedge-splitting tests [J]. Constr build mater 2014, 57, 1-8.

[120] ZHAO Y, MA J, WU Z, et al. H Study of fracture properties of self-compacting concrete using wedge splitting test in proceedings of the 1st international symposium on design. Changsha: performance and Use of self-consolidating concrete, May 26-28 2005//Yu Z, Shi C, Henri K K, et al. Changsha: RILEM Publications SARL, 2005: 421-428.

[121] CIFUENTES H; KARIHALOO B L. Determination of size-independent specific fracture energy of normal- and high-strength self-compacting concrete from wedge splitting tests [J]. Constr build mater, 2013, 48: 548-553.

[122] KHAYAT K H, SCHUTTER G De, et al. Mechanical properties of self-compacting concrete state-of-the-art report of the RILEM technical committee 228-MPS on mechanical properties of self-compacting concrete [J]. Springer, 2014, 14.

[123] NEVES R D, DE ALMEIDA J C O F. Compressive behaviour of steel fibre reinforced concrete [J]. Struct concr, 2005, 6 (1): 1-8.

[124] KHALOO A, RAISI E M, HOSSEINI P, et al. Mechanical performance of selfcompacting concrete reinforced with steel fibers [J]. Constr build mater, 2014, 51: 179-186.

[125] ASLANI F, NEJADI SH. Self-compacting concrete incorporating steel and polypropylene fibers: compressive and tensile strengths, moduli of elasticity and rupture, compressive stress-strain curve, and energy dissipated under compression [J]. Compos B, 2013, 53: 121-133.

[126] 章金喜，金珊珊. 水泥混凝土微观孔隙结构及其作用 [M]. 北京：科学出版社，2013.

[127] KOLSKY H. An investigation of the mechanical properties of materials at very high rates of loading [J]. Proceedings of the physical society section B, 1949, 62: 676-700.

[128] WEIBULL W A. Statistical distribution function of wide applicability [J]. J appl mech 1951, 18:292-7.

[129] ZAIN M F M, MAHMUD H, ILHAM A, et al. Prediction of splitting tensile strength of high-performance concrete [J]. Cement and concrete research, 2002, 32(8): 1251-1258.

[130] 张磊，胡时胜，陈德兴，等. 钢纤维混凝土的层裂特征 [J]. 爆炸与冲击，2009, 29(2): 119-124.

[131] BISCHOFF P H, PERRY S H. Impact behavior of plain concrete loaded in uniaxial compression [J]. Journal of engineering mechanics, 1995, 121(6): 685-693.

[132] 封加波. 金属动态延性破坏的损伤度函数模型 [D]. 北京：北京理工大学，1992.

[133] 黄瑞源. 混凝土类材料的含损伤动静态力学行为和抗侵彻性能研究 [D]. 合肥：中国科学技术大学，2013.

[134] 王乾峰，彭刚，戚永乐. 围压条件下钢纤维混凝土动态压缩试验研究 [J]. 混凝土，2009(03): 29-31.

[135] 徐超，彭刚，戚永乐，等. 三向应力状态下钢纤维混凝土动态特性试验研究 [J]. 混凝土，2011(06): 23-25.

[136] HOLMQUIST T J, JOHNSON G R, COOK W H A. Computational constitutive model for concrete subjective to large strains, high strain rates, and high pressures [A] Jackson N, Dickert S The 14th International Symposium on Ballistics [C] USA: American Defense Prepareness Association, 1993, 591-600.

[137] WEN H M, YANG Y A. Note on the deep penetration of projectiles into concrete [J]. International journal of impact engineering, 2014, 66(4): 1-4.

[138] DEMIR F. Prediction of elastic modulus of normal and high strength concrete by artificial neural networks [J]. Const build mater 2008, 22(7): 1428.

[139] ACI. Committee Building code requirements for structural concrete (ACI 318-08) and commentary American Concrete Institute; 2008.

[140] YANKELEVSKY D Z, ADIN M A A. Simplified analytical method for soil penetration analysis [J]. Int J num and anal methods in geomech, 1980, 4(1): 233-254.

[141] FORRESTAL M J, LUK V K, WATTS H A. Penetration of reinforced concrete with ogive-nose penetrator [J]. Int J solids structures, 1988, 24(1): 77-87.

[142] FORRESTAL M J, BARA N S, LUK V K. Penetration of strain-hardening targets with rigid spherical-nose rods [J]. J A M, 1991, 58(1): 7-10.

[143] 李永池，孙宇新，胡秀章，等. 混凝土靶抗贯穿的一种新工程分析方法 [J]. 爆炸与冲击，2000(01): 13-18.

[144] 罗春涛. 计及应变率效应的侵彻力学工程分析方法和数值模拟 [D]. 合肥：中国科学技术大学，2006, 5:38-48.

[145] 高光发. 防护工程中若干规律性问题的研究和机理分析 [D]. 合肥：中国科学技术大学，2010.

[146] MA Jian, CHAN C K, YE Zhongbao, et al. Effects of maximum relaxation in viscoelastic traffic flow modeling [J]. Transportation research part B, 2018(113): 143-163.

[147] MA Jian, ZHANG Yongliang, ZHAO Kai, et al. Penetration of tungsten alloy rods into steel fiber reinforced self-compacting concrete [J] Materials and structures (Under review)

[148] Ma J, WU C Y, PAN Z H. Experimental study on low-intensity self-compacting concrete with non-continuous gradation recycled coarse [C] Progress in civil, architectural and hydraulic engineering, 2015, 10.

[149] 马剑，江飞飞，吴春杨，等. 非连续级配再生自密实混凝土梁受弯性能分析 [J]. 江苏科技大学学报（自然科学版），2017, 31(2):241-246.

[150] 马剑，江飞飞，刁子坤. 掺钢渣再生骨料自密实混凝土的力学性能与微观研究 [J]. 江苏科技大学学报（自然科学版），2016, 30(4):404-410.

[151] MA Jian, LI Yongchi, BIAN Liang, et al. Experimental study of dynamic tensile strength of SFRSCC using modified hopkinson bar [J]. Computers and concrete (Under review)

[152] MA Jian, M N SIMRNOVA, ZHANG Yongliang, et al. Viscoelastic model-based exploration of up-downhill segment effects on travel time [J]. Transportation research part B (Under review)

[153] 马剑，吴春杨，潘志宏，等. C40级单粒级再生自密实混凝土及其制备方法: 201410158303.6 [P]. 2016-05-04.

[154] 马剑，潘荣楠，蔡梦帆，等. 钢纤维自密实混凝土及其制备方法、预制构件: 201710164061.5 [P]. 2020-02-07.

[155] 马剑，江飞飞，王静芳. 掺钢渣再生骨料自密实混凝土技术与工程应用 [M] 武汉:武汉大学出版社，2018.